JN061018

雑草が
教えてくれた、
いのちがよろこぶ
生き方

ありのまま生きる

かわしまようこ

Lingkaran books

草たちのこと

［キク科］ 花期＝春〜秋
Taraxacum officinale
葉、花、根も食べられ、根は炒るとタンポポコーヒーになる。生薬名は、“蒲公英（ホコウエイ）”。自家受粉するため、虫のいない季節や都会でも種をつくる。明治時代の初めに家畜の餌として渡来。
P. 032, 076, 137, 148

02 スベリヒユ

［スベリヒユ科］ 花期＝夏
Portulaca oleracea
水気の少ない土地やアスファルトのすき間などに自生。世界中で食べられ、花粉症やアトピー性皮膚炎の緩和や抗うつ作用、記憶力アップなどの効果が期待される。シュウ酸を含むので、食べるときは茹でること。
P. 035, 138, 148

03 ハゼラン

［ハゼラン科］ 花期＝夏〜秋

Talinum triangulare

肉厚な葉を広げ、高さ60センチほどに成長。塀の下などの隅に根をおろしているのを見かける。2ミリほどの桃色の蕾を膨らませ、花のあとは赤い果実をつくる。爆ぜるように蘭のような花を咲かすので“爆蘭”。

P. 038, 139, 149

04 インドヨメナ

［キク科］ 花期＝夏〜秋

Kalimeris indica

ヨメナの仲間。葉には独特の酸味と苦味があるので、アク抜きをしたあと、クセを生かした料理にすると美味。葉をつきくだきゴマ油を混ぜて患部に塗ると、すり傷や毒虫刺されによいという。

P. 041, 074, 139, 149

05 ユキノシタ

［ユキノシタ科］ 花期＝初夏

Saxifraga stolonifera

上3枚は3ミリ、下2枚は1センチほどの花弁を広げ、葉の裏面や若葉は紫色を帯びる。あぶった葉を腫れものや火傷に用い、葉のしぼり汁は中耳炎、漆かぶれなど、皮膚トラブルに役立つ。

P. 044, 083, 139, 149

06
ツボクサ

［アブラナ科］ 花期＝春〜初夏
Cardamine flexuosa
高さ10〜15センチ、土が肥えているところでは30センチになる越年草。北半球に分布し、日本全国に自生。花が咲いたあとは、1〜2センチの棒状のサヤができる。花言葉は、勝利、不屈の心など。
P. 051, 140, 149

［セリ科］ 花期＝初夏〜夏
Centella asiatica
直径5センチの丸い葉を広げ、地面を這うようにして広がる、多年草。セリのような味で、サラダにしても美味しく、煎じたお茶は集中力を高め、精神不安、神経系の強壮によいといわれる。
P. 047, 078, 139, 149

07
タネツケバナ

08
オオアラセイトウ

［アブラナ科］ 花期＝春
Orychophragmus violaceus
本州から九州に分布し、高さ20〜50センチほどに成長。中国の諸葛孔明が野菜として育てたことから、“諸葛菜（ショカツサイ）”の別名がある。エリザベス朝時代には、この花の芳香が至高とされていたという。
表紙帯, P. 011, 054, 079, 084, 140, 149

09

ドクダミ

［ドクダミ科］ 花期＝初夏

Houttuynia cordata

殺菌力にすぐれ、解毒薬として有名。生の葉は腫れものに外用し，蓄膿症には葉の汁をつけたガーゼを鼻に挿入。ドクダミ茶には、便通、降圧、利尿作用がある。日本の三大薬草の一つ。

P. 058, 140, 150

10

ムラサキカタバミ

［カタバミ科］ 花期＝春〜秋

Oxalis corymbosa

南アメリカ原産の帰化植物。庭や畑、道ばたなど身近なところに生える。シュウ酸を含んでいるため食べると酸っぱい。戦時中、その茎をかじって喉を潤したという話もある。

P. 061, 140, 150

11

ツユクサ

［ツユクサ科］ 花期＝夏

Commelina communis

花の汁で布を染めたことから、古くは“着草（つきくさ）”と呼ばれ、朝露に濡れて咲くことから“露草”の名前になった。若葉は天ぷらや和えものなどにして食べられる。花言葉は、懐かしい関係。

P. 064, 141, 150

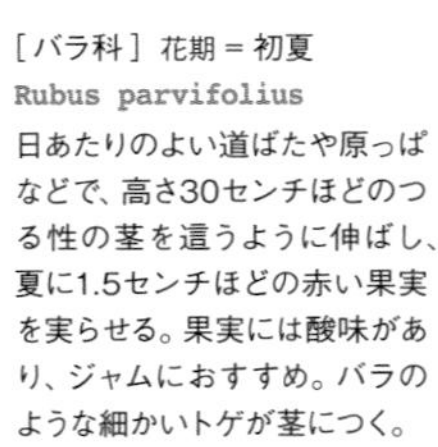

12 ナワシロイチゴ

［バラ科］花期＝初夏

Rubus parvifolius

日あたりのよい道ばたや原っぱなどで、高さ30センチほどのつる性の茎を這うように伸ばし、夏に1.5センチほどの赤い果実を実らせる。果実には酸味があり、ジャムにおすすめ。バラのような細かいトゲが茎につく。

P. 067,079,142,150

13 ヤブガラシ

［ブドウ科］花期＝夏

Cayratia japonica

日本全国の道ばたや畑、庭など、身近なところに生え、巻きひげで絡みつきながら成長する。都会では貴重な蜜源植物の一つで、オレンジ色の小さな花を咲かす。根は利尿、解毒、鎮痛などの薬効が期待。

P. 070,077,143,150

14 イヌタデ

［タデ科］花期＝夏〜秋

Persicaria longiseta

道ばたや空き地に自生し、1〜5センチの花穂をだし、桃色の小花を咲かせる。開花期に採取した草を干して煎じたお茶は、下痢による腹痛などによい。花言葉は、あなたのために役立ちたい。

P. 075,089,143,150

16〉ツワブキ

［キク科］花期＝秋〜冬
Farfugium japonicum
日本庭園などの庭や花壇に観賞用として植えられているが、もともとは海岸の岩の上や崖などに生える、常緑多年草。アク抜きすると食用になり、佃煮のキャラブキは春に伸びる葉柄でつくったもの。
P.077,095,143,151

15〉ヤマノイモ

［ヤマノイモ科］花期＝夏
Dioscorea japonica
地下に自然薯という長いイモをつくる、つる性の多年草。ハート形の葉を翼のように広げて、木やフェンスなどにつるを巻きつけ、林や住宅街に自生。秋に実るムカゴは、ごはんと一緒に炊いても美味。
P.080,092,143,151

17〉カキドオシ

［シソ科］花期＝春
Glechoma hederacea subsp. grandis
北海道から九州に自生。対生する葉は独特の香りがあり、葉のつけ根に薄紫色の唇形花をつける。“連銭草”という名の生薬になり、子どもの癇の虫に効くので“カントリソウ”の別名がある。冷え症や妊婦への服用は禁忌。
P.098,144,151

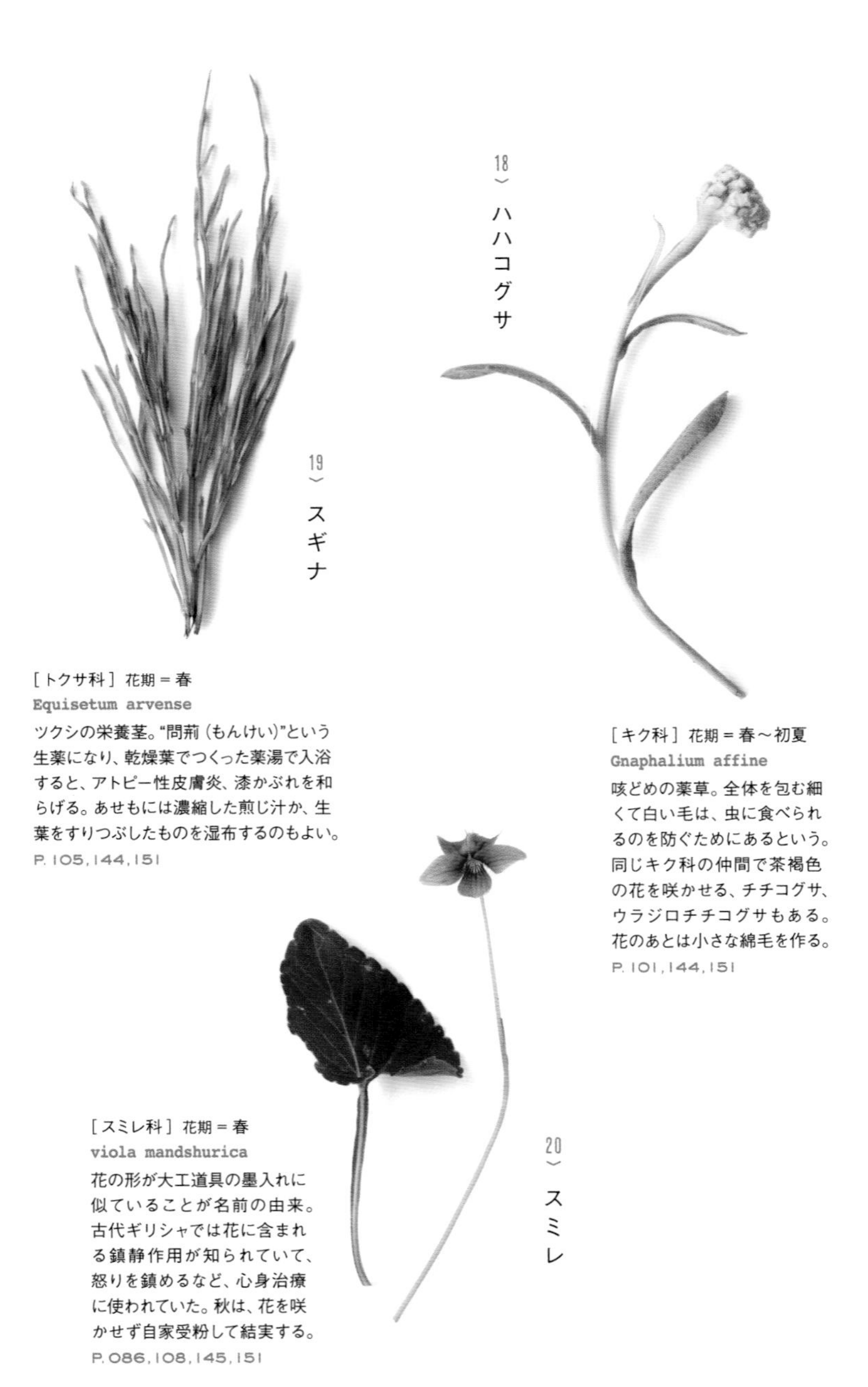

18〉ハハコグサ

19〉スギナ

［トクサ科］花期＝春
Equisetum arvense
ツクシの栄養茎。"問荊（もんけい）"という生薬になり、乾燥葉でつくった薬湯で入浴すると、アトピー性皮膚炎、漆かぶれを和らげる。あせもには濃縮した煎じ汁か、生葉をすりつぶしたものを湿布するのもよい。
P. 105, 144, 151

［キク科］花期＝春〜初夏
Gnaphalium affine
咳どめの薬草。全体を包む細くて白い毛は、虫に食べられるのを防ぐためにあるという。同じキク科の仲間で茶褐色の花を咲かせる、チチコグサ、ウラジロチチコグサもある。花のあとは小さな綿毛を作る。
P. 101, 144, 151

20〉スミレ

［スミレ科］花期＝春
viola mandshurica
花の形が大工道具の墨入れに似ていることが名前の由来。古代ギリシャでは花に含まれる鎮静作用が知られていて、怒りを鎮めるなど、心身治療に使われていた。秋は、花を咲かせず自家受粉して結実する。
P. 086, 108, 145, 151

21
ヤエムグラ

［アカネ科］花期＝初夏

Galium spurium var. echinospermon

日本全国の道ばたに群生。淡いクリーム色の1ミリほどの小さな十字の花を咲かす。葉にも茎にも小さなトゲをつけているため、服につけて遊ぶとたのしい。ヨーロッパでは、メディカルハーブとして扱われる。

P. 082, 112, 144, 152

22
スズメノエンドウ

［マメ科］花期＝春

Vicia hirsuta

本州から沖縄にかけて自生。2〜3ミリの花のあと、1センチほどのサヤをつくる。サヤには2個の種子があり、熟すと黒くなる。水でといた小麦粉をつけて、薄く伸ばして天ぷらにすると美味。

P. 081, 115, 147, 152

23
ヨモギ

［キク科］花期＝秋

Artemisia princeps

日本全国の道ばたに自生。秋になると茶褐色の小花をたくさん咲かすが、地味なので目立たない。名前の由来は「よく萌える草」「よく燃える木」など。葉の裏の白い毛を集めたものが、もぐさになる。

P. 087, 119, 147, 152

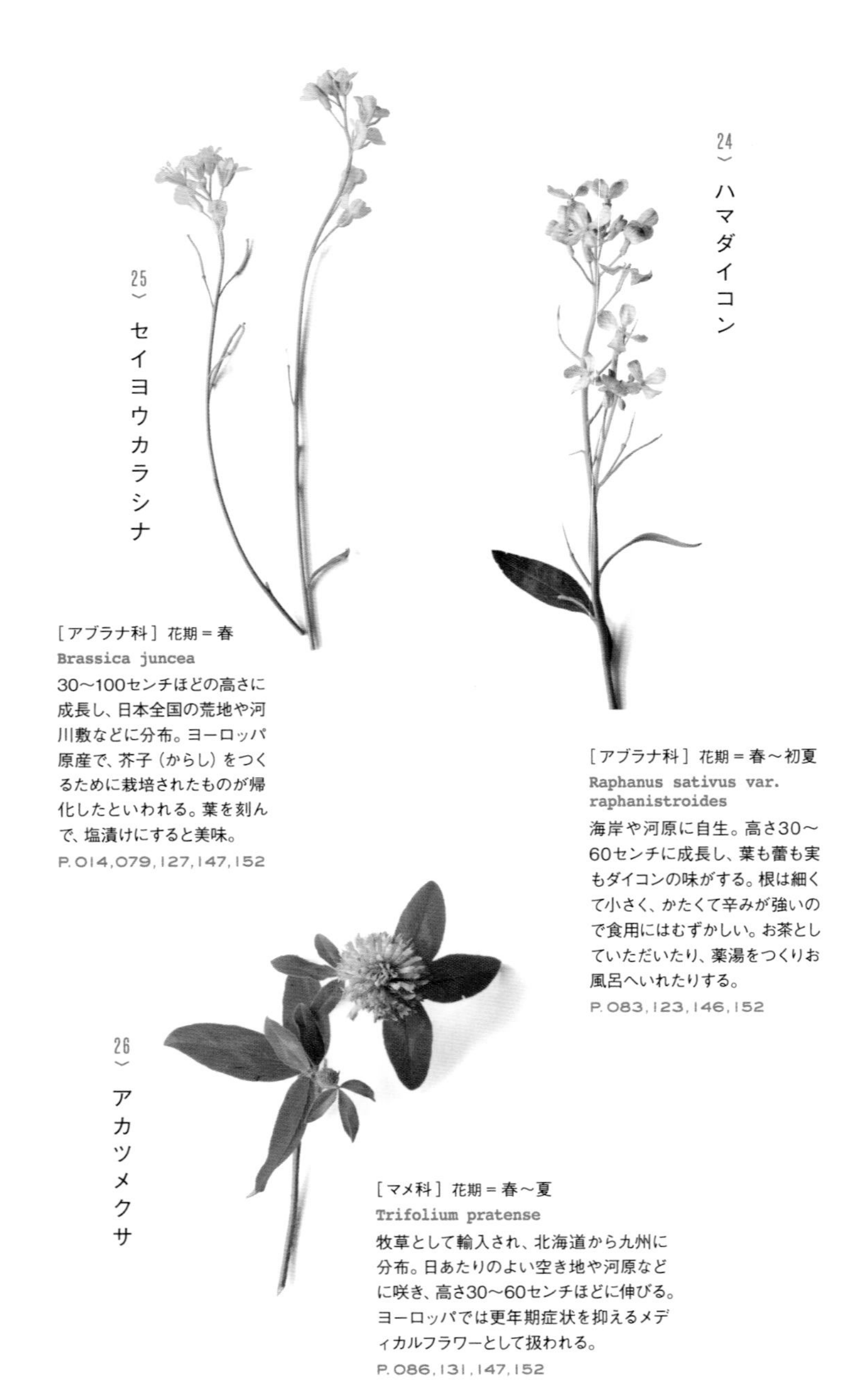

24

ハマダイコン

［アブラナ科］花期＝春〜初夏

Raphanus sativus var. raphanistroides

海岸や河原に自生。高さ30〜60センチに成長し、葉も蕾も実もダイコンの味がする。根は細くて小さく、かたくて辛みが強いので食用にはむずかしい。お茶としていただいたり、薬湯をつくりお風呂へいれたりする。

P. 083, 123, 146, 152

25

セイヨウカラシナ

［アブラナ科］花期＝春

Brassica juncea

30〜100センチほどの高さに成長し、日本全国の荒地や河川敷などに分布。ヨーロッパ原産で、芥子（からし）をつくるために栽培されたものが帰化したといわれる。葉を刻んで、塩漬けにすると美味。

P. 014, 079, 127, 147, 152

26

アカツメクサ

［マメ科］花期＝春〜夏

Trifolium pratense

牧草として輸入され、北海道から九州に分布。日あたりのよい空き地や河原などに咲き、高さ30〜60センチほどに伸びる。ヨーロッパでは更年期症状を抑えるメディカルフラワーとして扱われる。

P. 086, 131, 147, 152

〈参考文献〉

『これでわかる薬用植物』中田貴久子、中田福市／著（新星図書出版）
『沖縄の薬草百科　誰にでもできる薬草の利用法』多和田真淳、大田文子／著（新星図書出版）
『和ハーブ図鑑』古谷暢基、平川美鶴／著（一般社団法人 和ハーブ協会）
『食べる薬草事典　春夏秋冬・身近な草木75種』村上光太郎／著（農山漁村文化協会）
『花と葉で見わける野草』近田文弘／監修　亀田龍吉／写真　有沢重雄／文（小学館）
『薬草の自然療法　難病も自然療法と食養生で治そう』東城百合子／著
『プロフェッショナル ハーブ療法』アン・マッキンタイア／著　鈴木宏子／訳（ガイアブックス）
『日本のハーブ事典』村上志緒／編（東京堂出版）

P.12〜14掲載写真：「PAPERSKY vol.62 Grass on the Plate vol.1」連載アウトテイク　撮影：大城亘

咲きたいところで
咲きたいように
咲いたらいい

目次

第一章

草から教えてもらった、わたしの生き方

〝雑草〟と呼ばれる草を好きになったのは、生まれて初めて草を見たときだと思う。記憶に残るのは、3歳くらいの頃。地面に生える小さな花に気づいたときだった。

その頃は家庭の事情で、祖母の家で暮らしていた。急斜面の石段をジグザグとのぼってたどり着く家は、目の前には海が広がり、振り向くと山という自然に恵まれたところにあった。

ご先祖さまのお墓は、さらにつづく山の上。祖母と一緒にけもの道をとおり越しながらのぼる、お墓参りが日課だ。山道に生える花を摘んで、お供えするのがたのしみだった。

小学校にあがる少し前、祖母の家から離れて、家族と新興住宅地で暮らすことになった。空き地だらけのところに新しい家が点在する平べったい土地は、子どもながらにものたりなさを感じた。祖母と暮らした家も、新しい家も、近所に年の近い子どもがいなくて、親は仕事にかかりきり。そのため、足もとに生えている草花が、どんどん近い存在になっていく。

山道に咲いている花も、空き地に咲いている花も、みんな可愛い。名前はわからないけれど、近くに花が咲いていると、小さなこころは温かくなった。

大人になって公務員として働きはじめて、7年目。2000年のお正月に、高熱をだして寝こんでしまった。そして、目が覚めたとき、「あ、花だな」と思った。

どんな花なのか、花で何をやりたいのか、さっぱりわからない。けれども、〝花の仕事〟をしようと思ったのだ。お正月休みが明けると上司に相談して、退職願をだした。

〝花の仕事〟を具体的に考えたのは、仕事を辞めたあとだった。さぁ、これからどうしよう？

そのとき思いだしたのが、子どもの頃の記憶だ。わたしは花を探して下ばかり見て歩いていたので、捨てられているゴミに気づいた。空き缶、ビニール袋、タバコの吸殻……。花の横にゴミが落ちていると、悲しい気持ちになり、それから、ゴミを拾うようになった。土や水を汚したくない気持ちが芽生えたのも、花が好きだったからだ。

花といっても、いろんな花がある。わたしにとっての花は、いつも足もとに咲いている〝雑草〟だった。

みんなが雑草を好きになって、自然を汚すようなことがなくなれば、地球はあっという間に美しくなる。そのために、雑草の魅力を伝える仕事をしよう。そう思った。

それからの11年は、朝起きてから夜眠るまで、〝雑草〟でできることを探した。アスファルトのすき間に生きる草の写真を撮ったり、廃品に飾ったり、摘んで料理したり。草たちの素晴らしいところや、伝えたい思いはたくさんある。言葉にできない思いを写真に撮り、写真でも言葉でも伝えられないことは、教室や展覧会をひらいて空間で表現した。

ところが2011年、東日本大震災があり、自然との関係が一転。原発事故の放射能により、自然が汚染されていったのだ。

雑草が好きというと、〝変なひと〟〝貧乏くさい〟などと言われ、活動を非難されることもあった。ようやく「雑草って、いいよね」なんて言葉をかけられるようになった矢先、何より大切にしていた〝草を摘む〟ことが気軽にできなくなった。

ショックだったのは、水や食べものを安心して得られない現実になっても、わたしたちの暮らし方は大きく変わらなかったことだ。「ひとの生き方や価値観は、そう簡単に変わらない」。雑草の魅力を伝えたところで、汚れた自然がきれいになると思えなくなると、〝花の仕事〟をする気力がなくなった。

真っ白な霧のなかを一人で歩いているような気持ちになり、生き方を考え直そうと、旅にでることにした。訪れた国は、ブラジル、タイ、ブータン。秘境と言えるほどの大自然のなかで、自然をリスペクトする人々の暮らしは、圧倒的な美しさがあった。

彼らの生き方に触れていると、生きるために何を大切にしたいか、その答えを少しずつ見つけられるようになった。

〝これからますます、自然とともに暮らす感覚が大切になる〟

そう思ったわたしは、アマゾンの森に住むシャーマンのおばあちゃんに会いに行き、自然の声を聞くにはどうしたらよいか尋ねた。すると、いともあっさりと言った。

「あなたがこころをひらくだけよ」

それから、おばあちゃんと森で過ごす1カ月間、わたしはこころをひらくために、自分自身と根本から向きあった。不安や恐れがあると、こころはひらけない。不安や恐れのない状態にするには、辛いままの記憶があるなら癒し、ためこんでいる感情があるなら、その感情を素直に受けいれて、手放さなければならない。

どう思っていたのか、どうしたかったのか。過去の気持ちを確かめながら、ときには、おばあちゃんの胸に抱かれて、大泣きすることもあった。そうやって、おき去りにされていた感情の塊をとかしていくと、こころがどんどん軽くなった。こころが軽くなると、体がラクになり、自分のことを大切に思えるようになる。すると、そこかしこに咲いている花が、いままで以上に、輝いて見えてきた。

幼少の頃は、言いたくても言えないことがいろいろあった。誰にも甘えることができなくて、寂しい思いをすることもあった。そのたびに、花から元気をもらってきたのだ。花はどんなときも、どんなこころにも寄りそってくれる。そのことを思いだしたとき、新たに〝花の仕事〟としてやりたいことを見つけた。それは、「雑草という自然と繋がりながら、自分自身と繋がり、こころと体を本来の姿に戻す」というものだった。

自然が美しくあることと、わたしたちが元気に暮らすことは、繋がっている。病気のひとを増やさないためにも、自然も本来の姿に戻さなければならない。

病気や不調になる原因には、自分らしく生きられていないときや、自分自身への思いやり不足があることもわかった。雑草たちは、「ここで生きる」と自分で決めて、根をおろしているから生命力が強い。自分らしく生きている雑草の力を生かしながら、自然が美しくなり、わたしたちのこころも体も健やかになることをしていきたいと思った。


宿泊型の雑草教室をひらくと、心身の相談を受けるようになった。草たちの存在はこれまで以上にひとの助けになり、〝花の仕事〟にやりがいを感じるようになった。

あるとき、〝自分らしく生きる〟をテーマに、こころをじっと観察していると、わたしのなかにある「正しさ」が、苦しさや苛立ちの原因になっていることに気づいた。正しいと思うことは、一方から見た、個人的価値観にすぎない。それなのに、まわりにいるひとや自分をジャッジして傷つけては本末転倒。「正しさ」を手放したいと思った。

来る日も来る日も努力して、やっと、その感覚から解放されたことを実感した。すると、驚いたことに、〝花の仕事〟へのやる気もスッと消えた。いままでやってきた活動の原動力には「正しさ」があり、正義感をもっていたからだ。

正義感をもつということは、〝悪〟の存在が必要になるということ。正義感をまっとうしようとする以上、〝悪〟はなくならないのかもしれない。

小さな価値観が消え、広い視野でものごとを見るようになると、自然が汚れることや、病気になることも、一言でいいとか悪いとか言いきれなくなった。そうなると、わたしがするべきことは何もないと感じた。

やる気を失うことほど、辛いことはない。〝花の仕事〟をする目的がなくなると、何をする気にもなれなくて、生きる気力を失いそうになった。そんな月日をしばらくすごし、もう一度、これからのことを考えられるようになったのは、「やりたいことをやったらいい」と自分に言えたときだった。

いままであった「何とかしなくては」という正義感がなくなると、〝花の仕事〟をする意味も消えた。けれども、その奥にある、ただただ〝好き〟という思いに気づいた。好きという気持ちと向きあえると、あとはもう、やりたいことをするしかない。

その上で、わたしは何をやりたいかを考えてみると、「やっぱり、花だな」と思った。花に触れながら、たのしいことをやっていきたい。

〝何も悪くない、誰も悪くない〟

起こる出来事やすべての思いを自然現象のように受けとめると、「そのままで大丈夫」と信じることができるようになった。そうすると、安心感と幸せな気持ちに包まれる。いままで必死にがんばってみたけれど、この安心感と幸せな気持ちから生まれるものこそ、平和で美しい風景をつくることができるものだと思った。それは、わたしたちにとって、何ものにも代えがたいものだ。

「花だな」と思い、雑草と呼ばれる花の魅力を伝えて20年がすぎた。表現方法は大きく変わらないけれど、「自然を大切にしたい」という思いからはじまった活動は、「こころと体の不調を整える」ことに繋がり、「やりたいことをやろう」に至った。

やっていることは同じでも、どんな気持ちで向きあうかで、ぜんぜん違うものになるものだなぁと思った。「やりたいことをやろう」と決めてから、子どもの頃、ただじーっと草を眺めていたときに感じていた、ワクワク感が蘇っている。そう、これからが〝花の仕事〟の本番だと思う。

雑草と呼ばれる草を食べていると、〝草を摘む〟という感覚が、わたしたちの細胞に根づいていることに気づく。スーパーなどで食材を調達するようになったのは、ここ１００年ほどのことで、人類の歴史においては、食べるものを採取してきた時間のほうが圧倒的に長い。だから、草を摘んでいると、生きものらしい喜びがわいてくるように感じる。

食べたものはわたしの体になり、わたしとともに生きていると実感するようになったのも、草を摘んで食べるようになってから。そう意識しながらごはんを食べていると、食べられて〝わたし〟になった生きもののためにも、後悔する生き方はしたくないと思うようになった。

やりたいことがあったら、行動しよう。言いたいことがあったら、言葉にしよう。そういったごくあたり前の大切さに気づき、気持ちよくできるようになったのは、そこかしこに普通に咲いている、草たちの生きる姿、生きる力のおかげだった。


わたしが子どもの頃から、草たちに教えてもらったこと、気づかせてもらったことは、もしかすると、一風変わっているかもしれない。

だけど、わたし自身がそうだったように、何かを諦めようとしたり、不安や孤独のど真ん中にいたり、自分らしく生きられなくて窮屈な思いをして悩んでいるとき、これまで見向きもされなかった草たちの存在は、新しい生き方の扉をひらいてくれると思う。

草を摘んでいると、ありのままに生きる心地よさを教えてもらえる。ありのままというのは、どんなふうに生きても、「そのままでいい」と自分のことを受けいれることだ。

笑うことも、怒ることも、泣くことも、自然なこと。未来に向かって、変わりつづけることも、自然なこと。

水がさらさらと流れるような、風がそよそよと吹くような、植物が光を浴びて成長するような――。草たちに教えてもらった、自然に生きる感覚で、今日もわたしらしい道を歩いていこうと思う。

第二章

草の生き方から学ぶ

01 セイヨウタンポポ

命を繋ぐということが美しい

〝雑草〟というとあんまりよい印象がないようで、顔をしかめられることが多い。けれど、草たちを一つずつ指差しながら、スミレ、ヘビイチゴ、ハルジオン——と名前を伝えると、子どものように目を輝かせるひとも少なくない。

小さな花に顔を近づけてみると、立って眺めていたときには気づかなかった、ミクロな世界が待っている。純粋無垢な花の表情に見とれたら最後。きっと、下ばかり見ながら歩くようになるだろう。

わたしたちが、名前や職業などを知ることで、知らないひとに親しみを覚えるように、ひとと草の関係もまったくおんなじ。名前や生き方などの特徴を知るほどに、草たちに親近感を抱いてしまう。

そう、〝雑草〟と呼ばれる草の好感度が低い理由は単純。ただ、よく知られていないだけなのだ。

そんな〝雑草〟でも、名前を聞くだけで、微笑まれるものもいる。黄色の花を咲かす、セイヨウタンポポ（以下、タンポポ）だ。

タンポポの花茎を筒状に切り、両端に細かく切りこみをいれて水に漬けると、外側に反りかえる。この形が鼓に似ていることから、鼓を叩いた音の〝タン・ポン・ポン〟を連想して、タンポポという名前になったのだとか。

ほっぺにそっと花をあてると、とろけるようなやわらかさにホッとする。「ポポ」って呟くと、胸の真ん中が明るくなる。タンポポは、いつでも、誰にでも、微笑みを与える天才。名前を呼んだり、花を摘んだりすると、みんなに好かれる理由がよくわかる。

そんなタンポポを、わたしはこころから尊敬していて、都会でも、田舎でも、どんなに遠くに咲いていても、この花はすぐに見つけられる。

それは、タンポポに、〝生きる強さ〟を目のあたりにさせてもらっているからだ。枯れることが、こんなにも美しいということを、わたしはタンポポから教えてもらった。

タンポポは、寒い日がつづくときは、花をつけた茎を決して伸ばさない。最小限のエネルギーで成長するため、咲かせた花を大地にぺったりとつけたままのときもある。

ひらいた花は、夜にはとじて、日が昇ると再びひらく。そうやって開閉をくり返したタンポポは、種を育てるためにしばらく花をすぼめる。タンポポとして生きるためのすべての情報を種にインプットしたら、彼らの人生のクライマックスがやって来る。

種は、綿毛をつけて、風に乗って移動する。だから、種を飛ばすときがくると、どんなに冷たい北風が吹こうと、花を咲かせていたときより、茎を2倍にも3倍にも伸ばす。このとき、茎が折れていてもグッと立ちあげ、種を遠くに飛ばそうとする。

最後の力をふりしぼり茎を伸ばしきったとき、まん丸い綿帽子をふわりと広げる。そして、風が来るのを待つのだ。

一つ残らず種を飛び立たせ、丸坊主になったタンポポを見ると、胸がジンとする。

「素晴らしかったよ」と声をかけずにはいられない。

命は、命をかけて育まれる。

種を飛ばし終えて枯れていくタンポポを見ると、いま生きている生きものは、ありったけの力で繋がれてきた命だということに気づかされる。

02〉スベリヒユ

いつだって、新しい自分になれる

食べられることがわかっていても、スッと手を伸ばせない草がある。畑や荒れ地に生える、スベリヒユがそれだった。

わたしが暮らす沖縄では、野菜として売られていて、美味しいという噂も聞いている。健康志向のひとから脚光をあびている、オメガ3もはいっているというではないか。

それなのに、どういうわけか、この草にかぎっては〝食べたい〟と思えない。地面にはりついたスベリヒユを見つけても、体は頑なに拒むのだ。

そんなスベリヒユを初めて食べたのは、不定期で開催している雑草ごはん教室の最中だった。この教室は、身近なところに生える草を摘んで、料理をつくりながら、自然とともに生きる感覚を磨くという内容のものだ。

スベリヒユを指差しながら、「食べたことはないのですが、美味しいそうですよ」と紹介すると、生徒さんたちの目がキラーンと光った。食べたことのない草はすすめられない、そう思ったけれど、一度わきあがった好奇心は、もはやとめられそうにない。

生徒さん全員一致の「食べる！」という選択の末、わたしも意を決して、スベリヒユの肉厚の茎を摘んだ。小さな葉が落ちないように、ボウルにいれた水で丁寧に洗い、５センチほどの長さに切って油で炒めた。フライパンに転がったスベリヒユは、ジューッと音を立てながら縮んでいく。

塩で味をつけた熱々のスベリヒユを味見する。すると、一同目をあわせて、笑顔になった。名前のとおりすべるような食感。弾力のある歯ごたえ。わずかな酸味とぬめりがアクセントになって、いままで食べなかったことを悔やんでしまう美味しさ。お箸がとまらない！

誰にだって、食わず嫌いはあると思うけれど、今回のスベリヒユとわたしの関係は、食わず嫌いとも少し違うように感じた。改めて、この草を〝食べたい〟と思えなかった理由について考えてみた。

まず一つ、わたしの体の冷えに原因があるように思った。スベリヒユは、〝馬歯莧（ばしけん）〟という生薬名があり、薬になる。抗菌作用や利尿作用があり、中医学では、体を冷やす陰性の食材として扱われている。

冷え症のわたしは、体を冷やす夏野菜や生ものを〝食べたい〟と思わないところがあり、もしかすると、この草の特性を、本能的に感じていたのかもしれない。

もう一つの心あたりは、スベリヒユに似ているポーチュラカという園芸種だ。4歳くらいの頃、大切に育てていた。赤や黄色の花が咲いている鉢に、水をあげるのがたのしみだったわたしにとって、ポーチュラカは、あくまで眺めるための花。スベリヒユは、そのイメージと重なっていたのかもしれない。


ところが、教室であの味を覚えて以来、地面にはりついたスベリヒユを見つけると、生唾ゴックン、スッと手が伸びてしまう。そう、じつは、わたしたちが、どんな感情になるか、どんな行動をするかは、どんな記憶があるかで変わってくるのだ。

やりたいことをはじめる勇気がなかったり、自分に優しくできなかったり、なりたい自分になかなかなれないことがあるなら、そうなる原因になった過去の記憶をリニューアルすればいい。

新しい記憶をつくれば、いつだって新しい自分になれる。そのことを、スベリヒユの美味しさが教えてくれた。

03 ハゼラン

違いを受けいれるにはどうすればよい？

わたしは、草の目線で世界を見てしまう。〝十人十色〟という四字熟語を見ても、原っぱを眺めながら、〝十草十色〟だなぁ、なんて呟いてしまう。

何千、何万と、種類豊かな草たち。葉っぱの形を見ると、丸いのや細長いの、ギザギザがついているものなどいろいろだ。毛が生えているものやツルッと毛のないもの、淡い色から深い色まで、１００種類あれば、１００とおりの個性がある。

同じ種類の草でも、日あたりや土の環境が変わると、形だけでなく、質感や香りまで変わってくる。完全に同じところに根をおろすことは不可能だから、同じ環境に生きる草はいない。それが、１本たりとも、同じ姿が存在しない理由なんだろう。

生まれもったＤＮＡを土台に、それぞれの環境で生きやすいように成長した結果が、いまの姿になる。わたしたち人間も、草とおんなじ。同じ場所で同じ体験ができるひとは、一人もいないから、同じ身体や性格のひとはいない。必ず、みんなに違いがある。

〝違い〟があることはあたり前のことなのに、人間社会ではこれが悩みのタネになりやすい。育った環境で、培った価値観が違うから、「よいこと」「正しいこと」「好きなこと」の基準が、一人ひとり違うのだ。

わたしはできるだけ、自然を汚さないような暮らしを心がけている。汚れた食器はウエスで拭いて水洗いし、使わない電気はスイッチオフ。使い捨てのものは使わないように工夫しながら、ゴミをできるだけ少なくしている。

けれども、そんなことに意味を感じないひとにとって、この地味な行動はイライラのもとになるらしい。強要もしないし、迷惑をかけてもいないつもり。それなのに、顔をしかめられたり、「やめてくれ」とお願いされたりすると、なんだか切ない。

そんなとき、草の世界を眺めながら、ひとまず深呼吸する。そして、考える。どうしたらみんなの〝違い〟を受けいれながら、気持ちよく暮らせるだろう？

原っぱを見ると、日なたには、日なたが好きな草が生えていて、日陰には、日陰が好きな草が生えている。水辺には、水が好きな草が生えている。

花が咲いている時間帯をみると、午前中だけ咲く花もあれば、夕方から咲きはじめる花もある。ハゼランという草は、午後3時頃から、星形の小さな桃色の花を咲かせている。

極端な話だけれど、もしも、日なた好きな草ばかりだったら、日があたるところにしか草は生えない。雨がつづいたときに、全滅することもあるかもしれない。

どの花も午後3時から花を咲かせたら、花粉を集める虫は午後3時から飛ぶことになる。それでは集中してしまうので、花粉の争奪戦になりそうだ。

草の世界での〝違い〟は、多様性を育み、平和で持続的にすごすための特徴でもある。

それは、よくよく考えると、わたしたち人間もおんなじではないだろうか。みんなの好みや考え方が違うから、一つのものを奪いあわずにすむ。いざというときに、得意なところで助けあい、行き詰まったり、共倒れになったりすることを避けられるのだ。

自分が違いを受けいれても、相手に受けいれてもらえないときは、どうしたらいいだろう？　そういうときは、自分の考えを否定する価値観を、まずは受けいれてみよう。

〝違い〟でケンカになるようなことは、案外、笑いのネタにもなる。使ったマスキングテープを再利用するわたしにイライラするひとがいたら、「マスキングテープを再利用しただけでイライラしてる！」って、さらりと笑ってみようじゃないか。

たのしみながら、草たちのように、〝違い〟をうまく生かしあっていこう。

04〉インドヨメナ

お互いにないものを補いあう関係

世のなかの反応をみると、主役は〝すごい〟という印象を受ける。あらゆることののど真ん中は一点のみ。その一点に立てるのは一人（一つ）だから、主役に選ばれるものには、特別感たっぷり。

しかし、だからといって脇役がすごくないかというと、そんなことはない。ドラマや映画のなかで、登場人物みんなが主役だったらどうだろう？　脇役がいるからこそ輝くのが主役であり、主役がいるからこそ脇役の素晴らしさが引きだされる。それぞれの役割が、他の役割を生かしあうから、ドラマはおもしろい。つまり、みんなすごいのだ！

花の世界も、ドラマのようだ。花の主役は形が決め手となり、平たい花や丸い花、大きい花が選ばれる。

脇役になるのは、それ以外のもの。枝わかれしながら小花を咲かせるスプレータイプや、葉もの、実もの、枝ものもこちらの部類になる。

バラ、ガーベラ、チューリップ……華々しい主役級ばかりの花をドンと飾ると、競りあっているような、圧迫感がでてしまう。といって、葉ものなどの脇役だけでは、まるで地味。そういうわけで、花を飾るときは、引き立つ花と引き立たせる花をバランスよく飾るといいようだ。

色あわせを丁寧に見極めながら、あえて虫喰いのある葉を選んだり、個性的なカーブを描いた枝を添えたりするのもいい。ドラマのちょっとした笑いのシーンのように、遊びごころを漂わせると、見るひとのこころを和ませるだろう。


主役と脇役の関係は、料理をつくるときにも応用できる。

わたしの定番料理、生春巻きをつくるときは、インドヨメナのような主役になる花を、葉っぱとあわせて包んでいる。そうすると、花が引き立ち、美味しそうに見える。盛りつけるときは、皿の上に花びらを散らしたり、小さな葉をそえたり。日々のごはんは、脇役の力を借りながら、ホッとするような空気感が見せどころになる。

メニューにおいても、主役の肉や魚などに対し、サラダやお漬物といった脇役がある。主役だけを食べると、飽きちゃうだろうし、脇役だけでは、ものたりない。どちらも適度な量でバランスよくあって、心地よい満足感は得られる。料理においての主役と脇役の関係は、見た目の美しさだけでなく、健康的な体づくりにも欠かせない。

主役と脇役は、どんな世界にもあり、どちらも大切な存在。

お互いにないものを補いあう関係には一体感があり、調和的な美しさが生まれる。みんなが個々の役割をまっとうしたとき、最高の世界をたのしめる。

05 ユキノシタ

名前の由来と呼ぶ理由

わたしの名前は漢字で、〝陽子〟と書く。太陽のように明るい子どもになってほしい、というのが名前の由来と思っていたが、じつはそうではなかった。4つ上の姉の仲よしだった友だちの名前をつけられたのだった。

正直、それを知ったとき、肩を落とした。けれども、よくよく考えると、それなりの理由がなくても、いいものだなぁと思った。小さな姉が「陽子」と呟いたとき、「いいね」って、みんなが頷いたのだろうと思ったから。

名前というのは、好きになるほど、たくさん声にだして呼びたくなる。だから、思いをこめた由来はあるほうがよいけれど、呼んだときの〝響き〟も大切。名前とは、ただ区別するためのものではなく、誰かに好きになってもらうためにもあるのだ。

雑草に名前があることに驚かれることもあるが、彼らにもそれぞれに名前があり、呼び方もいろいろある。

日本語でつけた「和名」は、地域によってさまざまあるため、もっとも一般的なものを「標準和名」、それ以外のものを「別名」として区別している。英語でつけたものは「英名」、万国共通の名前が「学名」だ。

もちろん、わたしたちと同じように、雑草にも名前の由来がある。ところが、雑草に関心を寄せるひとは少ないからか、とっても安易な名前が多い。ねじれながら花を咲かすのは、ネジバナ。実で数珠がつくれる草は、ジュズダマ。血をとめる草は、チドメグサ。といった感じだ。

なかには、ベニバナボロギク、ママコノシリヌグイ、オオイヌノフグリと、呼ぶのをためらうほどひどい名前の草もある。よく見ると愛らしい花を咲かせているのに、いったい誰がどんな気持ちでつけたのだろうか。

そんななか、ユキノシタは美しい名前の雑草だ。漢字で書くと、〝雪の下〟。名前の由来はいくつかあり、降りつもった雪の下でも、葉を広げているからとか、小さな花を雪に見立て、その下に葉があるからという説もある。

ユキノシタの別名に、〝ミミダレグサ〟がある。草の汁が中耳炎の特効薬になるからだ。乾燥させたものは漢方薬の原料（生薬）となり、丸く広がった葉を虎の耳にたとえ、

〝虎耳草(こじそう)〟という生薬名をもっている。

長い葉茎(ようへい)を伸ばした丸い葉に近づいてよく見ると、肉厚で毛深く、いかつい雰囲気もなくはない。けれども、ユキノシタという名前を伝えると、なかなかの好印象だ。

やっぱり、名前でそのものの印象が左右されることは間違いない。名前が変われば、雑草たちはもっと愛される草になれるかもしれない。

彼らの素晴らしさが伝わるような名前で、何度も何度も、呼んであげたくなった。

06〉ツボクサ

お茶づくりで五感を磨く

摘んだ草でごはんをつくるようになった頃から、摘んだ草でお茶もつくるようになった。お茶のために最初に摘んだ草は、吹きでもので悩んだ学生時代に市販品でも飲んだことがある、ドクダミだった。その次に摘んだ草は、スギナ。ヨーロッパではガンに効果があるといわれるほどの草だ。

ドクダミもスギナも地下茎で繁殖する雑草。四方に根が広がるので、生えているところにはわんさか生えている。

お茶づくりの工程は、たったの3つ。①摘む、②洗う、③乾かす

忙しいひとでも、面倒くさがりのひとでも、簡単につくれる。

ドクダミとスギナで味をしめたわたしは、あるとき、オリジナルのブレンド茶をつくりたくなった。せっかくならより体によいものをと、図鑑片手に効能を独学。

けれども、コツコツと実験を重ねる性分ではないので、つくるときはひらめき勝負で、思い浮かんだ草を7、8種類ほどブレンドする。どの草をどんな分量でかけあわせるかで、味が変わるのがおもしろい。たまたまできたお茶はどれも美味しくて、それからますますお茶づくりにハマった。

ところが、草でつくるお茶を〝草茶〟と呼ばせてもらうと、草茶のつくり方を伝えても、実践するひとは少ない。「草でお茶？」と半信半疑なひとばかり。

改めて言わせてもらうと、草茶はバリエーション豊かで、美味しい。体にいいお茶もできる！

草茶をつくる方法は簡単だが、元気になるお茶をつくるにはコツがある。その一つが、草の摘み方。葉っぱが朝露に濡れている、午前中に摘むとよい。植物の先端に力が集まる満月に向かうタイミングに、葉や花を摘むこともおすすめだ。

乾かし方も大切で、年々紫外線が強くなっているので、香りや薬効を期待する草は、半日陰に干したほうが草の力が持続するように思う。どんなときも気にかけるのは、風通し。わたしたちが気持ちいいと感じるところに干すと、草たちもきっと喜ぶだろう。

「どれくらい干しますか？」と聞かれることがあるが、答えは一つ。完全に乾くまで干す。

カサカサと軽い音を立てたら乾いた合図。草の特徴や環境で乾く時間はそれぞれなので、その都度、手で触りながら乾き具合を確かめる。

草茶ができる草は、そこかしこにたくさん生えている。ここ最近のお気にいりは、ツボクサのお茶だ。

味にはこれといった特徴はないけれど、記憶力をよくするといわれている。精神面を高める神秘的な一面もあり、インドのアーユルヴェーダでは、瞑想前に飲むなど、〝最高の薬草〟として扱われているという。

年々もの忘れに拍車のかかるわたしは、ツボクサを見つけると摘まずにはいられない。いまだ効果を実感したことはないけれど、もっと注目したい草茶である。

「草茶を飲んだけど美味しくなかった」というときは、葉っぱの量が適量ではないのかもしれない。草たちは、生えているところや季節で、味の特徴や強さが違う。薄かったら葉っぱを足して、濃かったら湯で薄める。そうやって味を確かめながら、ちょうどよい美味しさにするとよい。

草茶の美味しさを引きだすポイントは、沸騰したての熱々の湯を注いで、3分ほど蒸らすこと。もちろん、薬缶にいれて弱火で煮だしてもよく、土瓶を使うと温める効果が増して、草の薬効を得られやすくなる。

どうやっても味がパッとしないときは、あわせる草の種類を増やしたり、ハーブやシナモン、陳皮や生姜などとブレンドしたりすると、意外なハーモニーが味わえる。

摘んだ草でお茶をつくりながら気づいたことは、自然を相手にすると、マニュアルはあるようでないということ。葉っぱの摘み方も、乾かすタイミングも、茶葉の量も、蒸らす時間も、頼れるのは〝感覚〟のみ。ボタン一つで、いろんなことができるいまの時代、自分の感覚を頼りに、ゼロから何かをつくりあげることは、貴重なことかもしれない。

草の効能はそれぞれにあるけれど、草茶で得られる一番の効能は、「五感が磨かれる」ことだと思う。目で見る。音を聞く。肌で触れる。においを嗅ぐ。味をみる。草茶をつくるほど、五感は輝き、さらに美味しい草茶がつくれるようになるだろう。

07 タネツケバナ

よりよく生きるためのバロメーター

寒い、暑い、水がない。過酷なところに生える草ほど、わたしたちの体を元気にする力があるという。

食べることは、そのものの秘める力を丸ごといただくこと。生命力の強い食べものを食べると、生命力が強くなる。寒さを乗り越えられる草を食べると、寒さを乗り越えられる体になるんだとか。

なるほど、それなら、タネツケバナを食べると素晴らしい力をいただけそうだ。

タネツケバナは、苗代をつくる種籾を水に漬ける頃に花を咲かすので、〝種漬花〟の名前がつけられた雑草。春の七草のナズナと同じアブラナ科で、ナズナそっくりの白い十字の花を咲かせる。

自然の力で体をお手当する方法を提唱する、東城百合子先生の『薬草の自然療法　難病も自然療法と食養生で治そう』（池田書店）には、ナズナにはビタミンA、B、Cが多く、鉄やカルシウムなどのミネラルを多く含むとある。タネツケバナの独特の苦味とピリッとした辛みは、ナズナの味よりパワフルだ。詳しい成分はあまり知られていないようだが、姿や味の特徴がナズナに似ているから、タネツケバナも栄養価抜群の可能性〝大〟と推測する。

北は北海道から、南は沖縄まで全国に分布し、早春から夏の終わりまで、長い期間花を咲かす。寒さにも、暑さにも、馴染む力をもっていて、水の流れるところや田畑の肥えた土だけでなく、砂のような土やアスファルトのすき間に生えている姿も見かける。細い茎に、やわらかな葉。きゃしゃな見た目とは違って、タネツケバナは底知れぬ生命力をもっている。田舎にも、都会にも、どこにでも咲いているわりに、知名度は低いけれど、こんなにキャパシティの広い草は、なかなかない。

誰かと一緒に歩いていて、タネツケバナを見つけると、「ちょっと待って！」と声をかける。立ちどまって、葉っぱを1枚摘んで味見をしてもらうと、10人中10人、この草の美味しさに感動する。

タネツケバナは、汁ものや炒めもの、どんな調理法とも相性はよいが、断トツおすすめは生のサラダだ。農薬や化学肥料の影響で淡白な味の野菜が増えるなか、タネツケバナの野性的な味は、眠っていた細胞をパチッと呼び覚ましてくれる。

排気ガスのかかる道路に近いところは控えるとして、気持ちのよい風景に咲くタネツケバナを見つけたら、ほんの一口でいい、摘みたての葉っぱを食べてもらいたい。命そのもののまっすぐなエネルギーが、体にスーッと広がる。その心地よさを感じると、生きる喜びがわいてくると思うから。


時間を気にしているとき、目的を定めているとき、わたしたちは前に進むことばかりにとらわれる。気になることがあっても、立ちどまって、考え直したりする余裕はない。

歩いているときも同じで、一度歩きはじめた足をとめることは、ちょっとした勇気と覚悟がいる。タネツケバナのような小さな草を見つけたとき、立ちどまれるかどうかは、こころに余裕があるかどうかのバロメーターにもなるようだ。

立ちどまるという行為は、新しい世界に進んだり、現状をよりよくしたりするときに、必要になることもある。人生において大切な出会いは、予定外のところにも潜んでいるから、「あ!」と思ったときは、いつでも立ちどまれるような心持ちで歩いていたい。

08 オオアラセイトウ

おむすびはこころを伝える

おむすびを結ぶ。炊いたごはんを手のひらで握るだけなのに、お茶碗によそったときとはまるで違う食べものになる。食欲がないとき、体が疲れているとき、小さく丸まったおむすびに、どれだけ助けられてきただろう。

沖縄では、おむすびには、「ティアンダーがはいっている」という。ティは手、アンダーは脂。手の脂が染みこむほど愛情をかけたごはん、という意味だ。丸や三角、俵など、いろんな形があるけれど、どんな握り方も愛おしい。

おむすびを結ぶとき、「森のイスキア」を青森で主宰されていた、故 佐藤初女さんのことを思う。初女さんは、訪れる方に手料理でもてなし、〝一緒に食べる〟ことをつづけられた方。おむすびや煮物、おひたしといったお料理で、悩み苦しんでいる方に生きる力を与えてこられた。おむすびを食べて、自殺を思いとどまったひともいる。

２０１１年、そんな初女さんが、沖縄にいらしておむすびの結び方の講習会をひらいてくださった。「時間と手数をかけただけこころはこもる」「暮らしは、動の祈り」初女さんの言葉は、いまも胸に響いている。

炊きあがったごはんは真っ白に輝き、一粒一粒が幸せそうに膨らんでいた。スタッフの方からあとで聞いたことだが、初女さんは水加減を何度も調整し、炊飯器のスイッチを押したあと、いつも手をあわせ祈られていたそうだ。

初女さんのおむすびは、手のひらくらいの大きさの円盤形だった。教えていただいたとおりに、手に水をつけたり、塩をまぶしたり、すべての作業からこころをはなさないようにしながら結び、２枚の黒い海苔ですっぽりと包んだ。

おむすびを一口頬張ったときの感動は、いまも忘れられない。教えてもらったとはいえ、自分で結んだおむすびで、こんなに満たされたのは初めてだった。食べることは、空腹をしのぐためだけのものではないことがよくわかった。この日は、１個のおむすびで十分だった。

講習会が終わり、初女さんに握手をしてもらうと、ふいに涙がこぼれた。初女さんの手には、座りこんでいる背中に、手のひらをそっとあててもらっているかのような温もりがあった。

生きていると、誰かを傷つけたり、傷つけられたり、いろんなことがある。自分が愛されているか、必要とされているか、まわりを気にしてしまうときもある。ああ、わたしは、一人でがんばっていたんだなぁと思った。胸の奥にしまっていた寂しさに、初女さんは手をとおして寄りそってくれた。

そこかしこに咲く季節の花と、おむすびをあわせて結んでみる。できあがったおむすびに花をのせたり、塩漬けにした花を混ぜて結んだりしてもいい。花も初女さんと同じように、どんなときも寄りそってくれるから、こころの底からホッとするようなおむすびになるだろう。

春になると、いろんな色の花が咲きはじめる。そのなかでおむすびに似あう花が、紫色の花を咲かすオオアラセイトウだ。

ムラサキハナナとも呼ばれるオオアラセイトウは、わたしたちにとって大切な花で、〝平和の花〟といわれている。日中戦争の終わりに、現地の悲惨さに胸を痛めた日本人が、南京に咲いていたこの花の種を日本にもち帰った。二度と戦争をくり返さないようにとの思いから、種を包んだ泥団子を車窓から投げて、あちこちで花を咲かせたという。東京で電車に乗っていると、線路沿いにオオアラセイトウの群生を見かけることがあるのはこの名残だろう。

優しい気持ちで結んだおむすびは、ひとを優しい気持ちにさせることを、初女さんに教わった。平和な未来を思いながら結んだおむすびは、きっと、平和な気持ちにさせてくれるだろう。

テクノロジーが発達するにつれ、手紙を書いたり、繕いものをしたりといった、手を動かす機会が減ってきた。それとともに、手の温もりを伝える機会も少なくなってきたようだ。

だから、ますます、おむすびを結びたいと思う。おむすびは、こころとこころを結ぶ、永遠のソウルフードだ。

09 ドクダミ

土が元気になるとわたしたちも元気になる

五感でもっとも記憶に残るのは、嗅覚だという。2年で完治したとはいえ、重度の花粉症を患った20代。以来、においに少し鈍くなったわたしでも、ドクダミを見ると「ああ、そんなこともあったなぁ」と思いだすことがある。

小学2年生の夏のはじまりの頃。白い花に惹かれて、学校の帰り道にある花壇に咲いているドクダミを摘んだ。すると、強烈なにおいがプーンとして、気を失いそうになった。茎に触れた指の先に、そのにおいがついたのだ。

一目散に家に帰り、洗面所へ。しかし、石鹸を何度もこすりつけながら手を洗っても、においはぜんぜんとれない。触れてはいけないものに触れたような気持ちになって、ワッと泣いた。いまでもこのときの恐怖心や絶望感を生々しく思いだせるのは、においとともに記憶があるからだろう。それが、わたしとドクダミの初対面だった。

子どもの頃に嗅いだ草の記憶は、草のにおいが年々弱くなっていることを気づかせてくれた。近頃のドクダミは、昔嗅いだにおいとはほど遠く、握りしめたあとの手をにおっても、微笑んでいられる。

ドクダミにかぎらず、香りにリラックス効果のあるヨモギや、屁と糞のにおいがするヘクソカズラと呼ばれる草も、特徴的なにおいが薄くなっているようだ。嗅覚が衰えたから？　いやいや、それだけでもなさそう。だって、都会に生えているものほど弱く感じるのだもの。

わたしたちが暮らしている風景を見渡していると、草のにおいが弱くなった理由が見えてくる。といっても、あくまでわたしの持論だけれど、二つほど思いつくことがある。

一つは、土の力が弱くなっていること。大地がアスファルトで覆われて、芽生えたところで土に還れない植物があまりにも多い。降った雨は側溝に流れ、土と水の交わる場所は減った。これでは、大地が栄養不足になってもおかしくない。さらに、除草剤をまかれると、草はもちろん、小さな生きものもみんな死んで、カチカチの冷たい土になってしまう。そんな土から、元気な草が生えるわけがない。

もう一つは、わたしたちの意識の傾け方に原因があるかもしれないと思った。ただ生えているだけで目の敵にされがちな雑草たち。わたしたちだって、嫌われたり無関心になられたりすると、生きにくくて、本来の力を失ってしまう。大袈裟かもしれないけれど、草たちも同じではないだろうか？　愛情をそそぐと野菜が美味しく育つという話を聞くと、関心を向けられない雑草の力が弱くなるのも、仕方のないことだなぁと思うのだ。

この二つの持論があたっているなら、わたしたちが草を暮らしに生かすことで、草のにおいは蘇るのではないかと思う。そこかしこに生えている草を愛でたり摘んだりしていると、大地を大切に思う気持ちが芽生えてくる。土のある場所を増やし、土を汚さないような暮らしをこころがけたくなって、アスファルトで覆ったり、除草剤をまいたりすることが、簡単にはできなくなる。そうすると、土は本来の力をとり戻せるだろう。

興味をもってもらえた草は、きっと、いきいきと生きられる。土が元気になり、草に愛情がそそがれたら、草も本来の力をとり戻し、においが蘇ると思うのだ。においにはさまざまな有効成分が含まれていて、ドクダミには、黄色ブドウ球菌をやっつけるほどの殺菌力が含まれている。わたしたちはそんなたくましい草に、ここぞというときに守ってもらえる。本来の力をとり戻した土から育った、元気な草を食べれば、わたしたちの体はますます元気になるだろう。

草を暮らしに生かすことは、土とともに生きること。土を大切に思う気持ちは、めぐりめぐって、わたしたちが暮らしやすい環境をつくる。すべての生きものは土に還り、土から新しい命が生まれている。わたしたちは、その繋がりのなかで生かされているのだから。

10〉ムラサキカタバミ

会うほどに育まれてしまうもの

会う回数を重ねるごとに深まるものがある。

仕事先や行きつけの店などで、たまたま顔をあわせるだけでも、何度も会っているひとと、初めて会うひととでは、相手を思う気持ちがちょっと違う。好きとか、気があうとか、そういった感情がなくても、信頼関係に似た思いやりのようなものが芽生えるのだ。

草との関係でも同じように感じることがある。

初めて見る花と、季節がめぐるたびに見る花では、何度も見ている花への眼差しのほうがどこか優しい。見た目の美しさや、どれくらい役に立つかなんて関係なく、幼馴染みに会うような親しみを感じる。会う回数が多いほど、出会ったタイミングが昔にさかのぼるほど、特別な気持ちになってしまう。

ハート形の葉を広げ、ピンク色の花を咲かせるムラサキカタバミは、わたしにとってまさにそんな花。小学校からの帰り道、ベンチの下や自動販売機の横など、こっそりと咲い

ている姿を見つけては、手のひらいっぱいになるまで摘み集めた。

小さな〝花束〟ができたときの満足感。部屋に飾って眺めると、嬉しい気持ちになった。

「好きな花は？」と聞かれると、ムラサキカタバミの名前をあげることは多い。そもそも好きな花しかないから、たった一つなんて選びようがないのだけれど、どうしてもと言われたら、子どもの頃から知っている花が目に浮かんでくる。

ムラサキカタバミが日本にやって来たのは江戸時代。もともとは観賞用の鉢植えとしてヨーロッパから輸入された花。ところが、日本の気候風土と相性がよく、引きぬいたときに散らばる小さな球根は、道ばたなどそこかしこに根をおろし、あっという間に全国各地に広まった。

どんなに愛らしい花も、増えすぎたら立場は一転。観賞用として愛でられていた花は、雑草扱いされるようになる。沖縄ではムラサキカタバミのことを、〝ヤファァタ〟と呼ぶ。野菜の成長をじゃまするると怖れられ、畑に生えると「ヤファァタがでたぞ！」と鐘を鳴らされ、土ごと焼かれていたときもあったそうだ。

わたしたちに記憶があるように、草たちにも記憶があるなら、驚いているだろう。部屋に飾られて嬉しそうに眺められることもあれば、苦々しい顔でむしられることもある。ここ最近は、料理の飾りに花をあしらわれ、「可愛い！」と感動の声をあげられることもあるのだから。

雑草たちは、いつだって、何にも変わらない。けれど、時代の背景や向きあうひとの価値観によって、扱われ方はさまざまだ。

たくさんあるとかないとか、役に立つとか立たないとか、そんなことを何も考えずに、まっさらな気持ちで目の前の風景を眺めてみる。すると、いつも歩いている足もとには、小さな花が咲いていることに気づく。季節がめぐるたびにわたしたちは出会っていて、いつの間にか、その花たちに親しみを感じていたことがわかるだろう。

11 ツユクサ

大切なのは、目と目があう感覚

新芽と大人の葉。蕾とひらいた花。体を整えるための草を摘むときは、どんな状態のものがよいだろう。

お茶の場合は、香りをたのしみたいときは新芽で、薬効をいただきたいときは、大人の丈夫な葉を選ぶことが多い。成分的にそういった傾向もあるようだが、人間でたとえるなら、赤ちゃんにはこころを癒す力があり、大人には困ったひとを助ける力があるといったところだろうか。

けれども、草の性質は草ごとに違うので、摘む部分や時期など、ベストなタイミングはそれぞれだ。厳密に把握することはとてもむずかしいので、わたしは〝目と目があう〟草を摘んでいる。

ふと顔をあげると、誰かに見られていたということがある。わたしたちは無意識に必要なものを目で追いかけていて、追いかけられたほうも、その視線をキャッチできるらしい。そして、追いかけられたほうもこちらを必要としていると、〝目と目があう〟感覚になるようだ。

人間同士にかぎらず、日常のいろんなところで、わたしたちはこの不思議なセンサーを使っている。気になる本やイベント、カフェで頼んだメニューなども、自分で選びつつ、じつは、本やイベント、メニューからも選んでもらっているように感じるのだ。

人間や動物以外は視線をもってはいないから、変な話と思うかもしれないけれど、恋をしているときと同じで、片方だけが求めているときは、気になるだけで終わったり、つづかなかったりしてしまうのではないだろうか。

考えなしにふと目を向けたところに、必要なものがあったというのはよくある話。それは、そのものが「ここだよ」と意識を送っていて、それをキャッチしたとしか思えない。すべてのものに意識はあるのだ。

草に触れていると、彼らはわたしたち以上に、わたしたちのことをわかっていると感じることがある。だから、わたしは草を摘むときは、草に選んでもらうことが多い。

「わたしを元気にしてくれる草はいますか?」といったふうに。

そうやって問いかけながら彼らを眺めてみると、「はい!」と手をあげているような草が目にとまる。1本だけのときもあれば、たくさんのときもある。〝目と目があう〟感覚を確認しあいながら、草を摘ませてもらっている。

元気になる草を探すとき、「赤い花がいい」「胃腸を整える◯◯はどこ？」と思いながら探すと、かぎられた草から選ぶことになるのでもったいない。何も考えずに、ただただ呼びかける。すると、きらりと光って見えたのは、青い花のツユクサだったということもあるかもしれない。

ツユクサは夏の午前中だけ花が咲く一日花で、上に広がった2枚の大きな花弁が、小動物の耳に見える。花も葉も食べることはできるけれど、ユニークな花の形のツユクサを見るだけで、ふっと笑顔になって、元気になることもあるだろう。


すべてのものに意識があって、こちらを選んでいるかなんて、本当のところはわからない。けれども、気になるものや直感は、頭での理解を超えた潜在意識と繋がっている。

「これはこれ」「こうしなくちゃ」と枠をつくっていると、そこしか見えなくなり、その枠のなかでしか生きられない。もっとシンプルに、気になることを気になるままに、受けいれてみるといいと思う。

なぜそれが気になったかは、あとからわかることもあるが、わからなくてもいいかもしれない。そのとき、その出会いが、お互いに必要だったことは間違いないと思うから。

12〉ナワシロイチゴ

やりたいやり方でたのしもう

草むしりほど、性格があらわれるものはないかもしれない。簡単そうなところからとりかかるひともいれば、あえて大変そうなところに手を伸ばすひともいる。どんなところからはじめるかは、ひとそれぞれだろう。

数人でむしる場合は、役割分担をすることもある。そういうとき、目立つところを選ぶか、端っこを選ぶか、むしる場所の選び方にも個性がでる。

スピードもそれぞれに違って、一気に進めるひともいれば、休憩しながらのんびりこなすひともいる。

たかが草むしり、されど草むしり。日常の暮らし方やものの見方が、草と向きあう姿勢ににじみでる。

ちなみにわたしは、できるだけ草を自由に放っておきたい気持ちがあるので、気になるところだけ少しずつむしる臨機応変タイプだ。

けれども、振り返って考えてみると、草のむしり方は年齢とともに変化している。子どもの頃は、敷地内の端っこからむしりはじめて、1本残らず、むしりとることに生きがいを感じていた。

それが、どうしてこんなふうになったのか。草ぼうぼうの庭を眺めていると、わたしのなかにあった几帳面さがあとかたもなく消えていることに気づくのだ。

草むしりが好きなひとは、世の中にどれくらいいるんだろう。

近頃では、草をむしったことがないひとも増えていて、なかには自然と触れあう機会ほしさに名乗りをあげるひともいる。けれど、草むしりは、根気のいる地味な作業であることは間違いない。日に焼ける、汗をかく、蚊に刺される、腰にくる。時間がない現代人には、もっとも関わりたくない作業だろう。

「土のある場所を増やす」をスローガンに掲げるわたしは、庭のある家に住みたいと思うひとを増やしたくて仕方ない。そこで考えたのが、土があるかぎり草は生えるのだから、残し方を大切にしたむしり方だ。

背丈が伸びなくて、虫がつきにくく、好みの花が咲く草は残す。食べたり、お茶にしたり、薬にしたり、実用性のある草も残す。そうやっていくと、親しみを感じる草が残り、草の成長はたのしみになるだろう。

ある夏の日、原っぱで見つけたナワシロイチゴの赤い果実を庭にまいてみた。ナワシロイチゴの実は瑞々しくて、酸味があって、元気がでる。庭の土を気にいって、根をおろしてくれたら、芽がでた、花が咲いた、果実ができたと、喜びの声をあげる日がくるだろう。

話はもとに戻るが、草むしりは、性格がにじみでる作業と伝えた。念のために補足しておくけれど、根気があるように見せたり、あえて大変そうな場所を名乗りでたり、無理して一気にむしり終えたりしないように。

草に個性があるように、すべてのひとにも個性があり、何をするにも個性がでる。それが、おもしろいのだ。

草のむしり方に、これといった決まりはない。どんなことをするときも、個性を生かしたやり方で、たのしみながらやるといい。

13 ヤブガラシ

昔ながらの知恵といまの知恵

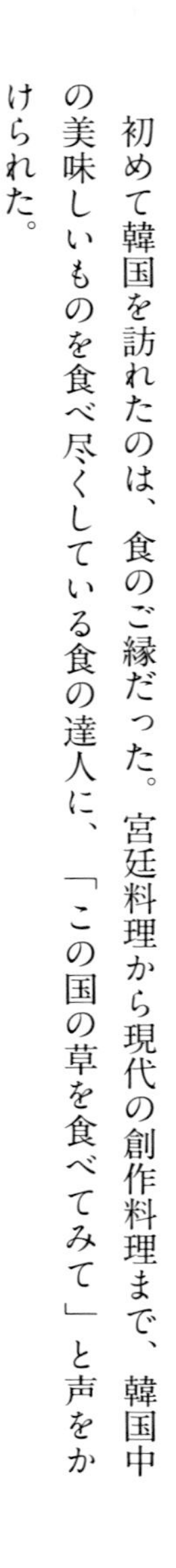

初めて韓国を訪れたのは、食のご縁だった。宮廷料理から現代の創作料理まで、韓国中の美味しいものを食べ尽くしている食の達人に、「この国の草を食べてみて」と声をかけられた。

さっそく、達人がすすめるソウル市内のお店にはいり、草を使ったナムルを食べると、ため息がでた。韓国料理は赤くて辛いイメージがあったのだが、いただいたお料理は滋味深く、優しい味わいのものばかり。体が喜ぶ美味しさに胸がいっぱいになっていると、森へ行こうと達人が誘った。

森にはいると、スミレ、ヨモギ、ツボクサ……と見慣れた草を次々に発見。やわらかそうな葉っぱを摘んで味見をすると、苦味のなかに爽やかさがあった。同じ種類でも、日本の草の味とぜんぜん違う。初めて味わう味を記憶したくて、摘んでは口にいれて目をつむった。

韓国では、行く先々で発見の連続だった。そのなかで、カラムシという草でつくった草団子のお店を見つけたときは、目からウロコが落ちた。

日本ではカラムシは〝苧麻（ちょま）〟とも呼ばれ、繊維を利用して紙や布をつくる草。食べられるとは知らなかったので、ワクワクしながら〝帰国後実践すること〟と書いたノートに「カラムシ団子」と記す。カラムシを使った料理をつくってみよう。

1年のうち4カ月ほど雪に覆われる韓国は、暖かいうちに草や木の葉を摘みとり、冬の間を賄う保存食をつくるそうだ。食の達人は、韓国の保存食文化がどれほど美しく、丁寧につくられたものであるかを教えてくれた。

ところが、近代文明の発達とともに、保存食文化は消えかけているという。近代社会はスピード社会。手間暇かける余裕はない。食材がいつでも調達できるスーパーができると、保存食をつくるひとは激減した。このままでは先人が残した知恵がなくなると案じた達人は、おばあちゃんの家々を訪ね、代々受け継がれてきたレシピを集めているという。

達人は、保存食の一つ、アザミの酢醤油漬けを手土産にもたせてくれた。刻んでごはんにまぶすと、何杯でもおかわりしたくなる美味しさだ。

胃袋を掴まれたわたしは、家の近くに生えているヤブガラシの葉で代用して、同じレシピでつくってみた。ヤブガラシはつるを伸ばして、巻きひげを絡みつけて成長する夏の草。巻きつかれた藪は、日があたらなくなり枯れてしまうので、ヤブガラシと呼ばれている。

一度根をおろすとどんなことがあっても繁殖するので、常々何かに生かしたいと思っていたのだ。しんなりとなった葉を刻んでごはんにまぶすと、なかなか美味しい。暑さを味方にした一品ができた。


庭や空き地、花壇の傍など、身近なところにはたくさんの草が生えている。けれどその草のほとんどは、海外から靴底などについて運ばれてきた、外来種だ。

日本に古くから自生する草は、山あいや自然にできた小川が流れているような、土が豊かな風土を好むため、いまではすっかり見られなくなったものもある。

〝外来種は強い〟といわれることもあるが、彼らは決して強いわけではない。外来種や在来種といった線引きなく、わたしたちがつくった環境にあう草が、目の前に芽吹いているだけ。在来種は、アスファルトでは生きにくいものが多いのだ。

日本にも身近な草を使った料理や手当法はたくさんあり、昔のひとは上手に利用してきた。けれども、環境が変わり生えている草が変わると、その知恵を受け継ぐことも、生かすことも、もはやむずかしい。

〝身土不二〟という言葉は、体（身）と環境（土）は繋がっている（不二）ことをあらわし、暮らしている土地のものを食べることが健やかにすごすために大切だという。身近な草を食べることは、究極の身土不二だ。

どんなに文明が発達しても、何かの理由で途絶えたり、思わぬ展開になったりしても元気に暮らしていけるように、先人が時間をかけて培った知恵を受け継いでいくことは大切なこと。一方で、目の前に生えている草の知識を学び、新しい知恵を育んで、現代的な〝草文化〟をつくることも、これからの時代はますます大切になるだろう。

田舎だろうと、都会だろうと、どんな時代だろうと、わたしたちは自然から離れては暮らせない。

いまわたしたちの身近に生えている草の原産地をたどると、その土地では野菜として食べられていたり、薬として扱われていたりするものもある。韓国へ草の旅をして以来、世界中を旅して、いろんな国の草の食べ方や使い方を知りたくなった。

草と出会う

草を摘んでいると
ふだんつかわない感覚が
揺り動かされ
目覚めていく

あたり一面の草を見おろしながら
〝目のあう草〟を探す
わたしたちはかたちのない
不思議なアンテナをもっていて
いまの自分に必要な出会いを
キャッチしている

草を知る

雑草たちは
自分の強いところと
弱いところを
よくわかっていて
困難を乗りこえる
知恵をもっている

太陽が好きなら日あたりに
水が好きなら水辺に
好きなところで生きているから
生命力が強いんだ

草を感じる

季節の移ろいや
月の満ち欠け
自然のリズムを感じると
呼吸が深くなり
自分らしく暮らせる

春は体のなかから
力がわいてきて
秋はおだやかに
力をたくわえていく
同じ草でも春と秋とでは
色も味も香りも
みんな違う

草から学ぶ

目の前に咲く草花は
生きのびるために進化した
最善の姿

光を求めて成長する
草花たちに触れていると
考えてもしかたないことで
思い悩むことを
少しずつ手放せるようになる

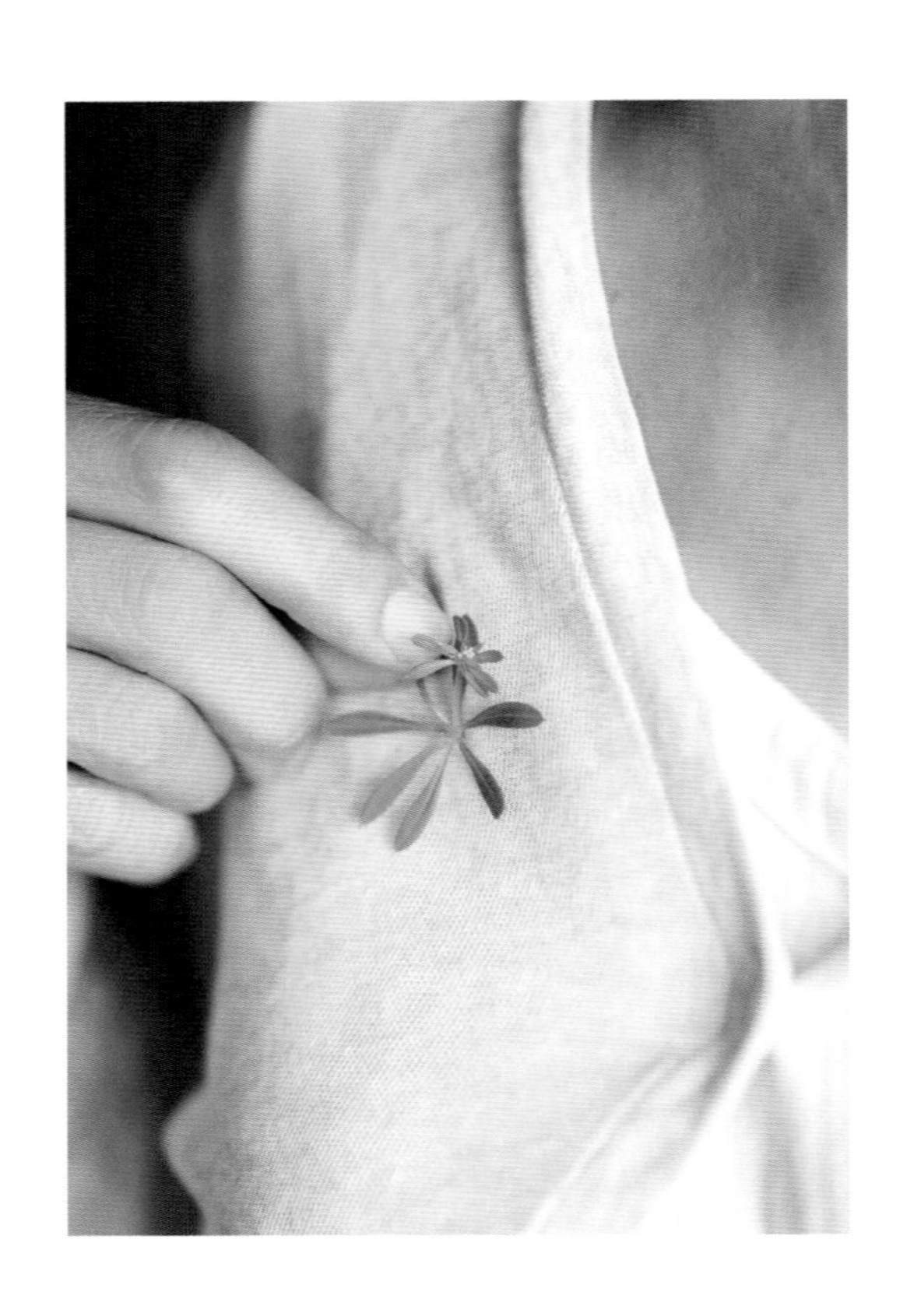

草を飾る

草花たちは
言葉にできない
繊細な思いを
そっと伝えてくれる

野に咲く風景を思いだしながら
風を感じるように飾るといい

草の呼吸はとても小さいけれど
喜びに包まれているときも
落ちこんでいるときも
わたしたちのこころに
寄りそってくれる

草を食べる

自然に生きる草花をいただいていると
食べることは腹を満たすためだけではなく
心身を成長させるエネルギーをいただくことなんだと実感する
草花の〝氣〟が体の芯に響いてくる

草に癒される

光を使って光合成する植物には
わたしたちの命を
整える力がある

笑っているひとを見ると
笑ってしまうように
自然のままに生きている草たちを見ていると
自然体になってしまう

家族が病気になると
その病を治す草が
庭に生えてくるという
自然はバランスをとりながら
いつもギフトを与えていて
わたしたちがそれに
気づけるかどうか

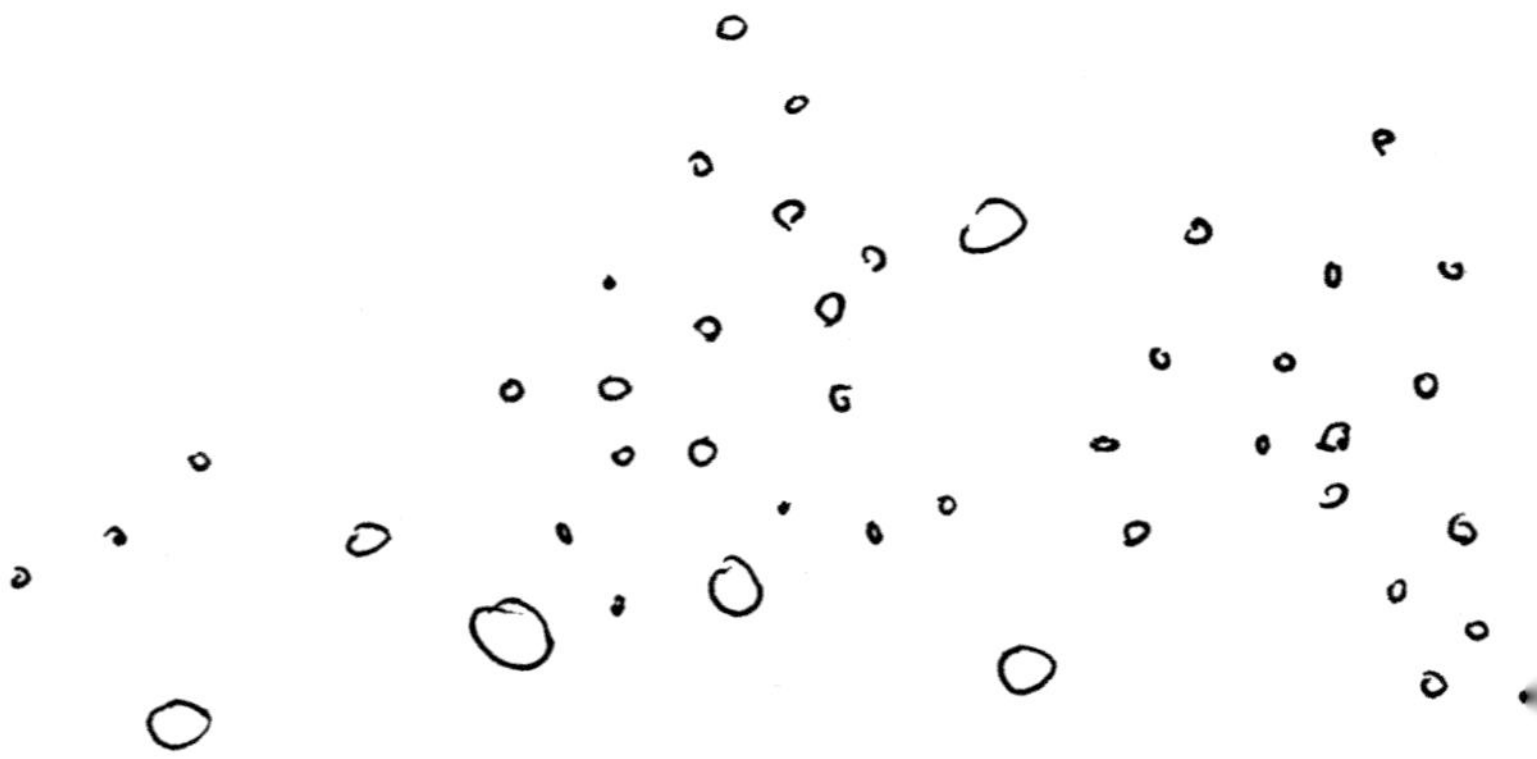

14〉イヌタデ

すべてのバランスはパーフェクト

「バランス」って、すごいなぁと思う。

壁を押したときの手ごたえは、押した壁から押し返されるから感じるもの。押す力と、押し返される力が同じであれば、壁はそのまま。押す力が、押し返す力を超えたとき、壁は倒れてしまう。これを、作用・反作用の法則という。

よくよく考えると、これは人間同士にもあてはまることだ。感情や願望など、お互いが同じくらいの熱量だと、ちょうどよい関係でいられる。ところが、どちらかの思いが強すぎると、相手に負担がかかり、お互いの気持ちの〝差〟によってバランスが崩れることもある。

自分自身と向きあうときも、そう。たとえば、何かに失敗したとき、自分を責める気持ちが大きくなると、こころに負担がかかり、バランスを崩しやすくなる。このとき、バランスを保とうとして、体に不調などがでることもある。

何気なく生えている草を見ても、バランスのとり方は絶妙だと思う。根っこが大地に向かって伸びる下向きの力と、芽が空に向かって伸びる上向きの力が、バランスよくとれているから、彼らは土の上に立てている。

なかでも、イヌタデという雑草はお見事だ。この草は、根っこから這うように横に伸びる性質があり、いくつも茎が枝わかれしながら茂り、傾きながら1、2センチほどの花穂をだす。花は1ミリくらいで小さいけれど、密につけるため、細い茎で一株を支えるのは大変なことだ。

それでもイヌタデが立って花を咲かせているのは、花や葉の重さ、茎が伸びる方向、それを支える根の力といった、全体のバランスがパーフェクトだからだ。

草も木も、わたしたちも、すべてのものは、目に見えるところから見えないところにいたるまで、バランスを保ちながら存在している。個々のバランスは、まわりとも影響しあい、さらに全体でバランスをとっている。

その影響は、作用・反作用の法則と同じように、常に同時に起こるもので、どちらかに原因があるとか、どちらかがいいとか悪いとかの因果関係はない。

もちろん、崩れたり、壊れたりしないことを望むけれど、起こる出来事や反応は、バランスをとるために起こっている、最善策ではないだろうか。

生きているかぎり、そこに何かがあるかぎり、バランスはとれている。バランスを意識しながらすごしてみると、何気ないことにも奇跡を感じる。毎日いろんなことがあるけれど、きっとそれで大丈夫。

すべてはうまくできている。

15 ヤマノイモ

姿や性格がそうなるのには理由がある

降りそそぐ陽の光をあびて、吹いてくる風に揺られ、雨の雫を全身で受けとめる雑草たち。その場所で生きると自ら決めて根を伸ばしたとはいえ、日照りがつづいても、雨がつづいても、どこにも逃げも隠れもできない。

「こんなはずじゃなかったのに」って、嘆いている草もいるんだろうか？

生まれた場所で、花を咲かせ、種をつくり、土に還っていく。その姿は、自由自在に動けるわたしたちから見ると、まるでお釈迦様のようだ。来るものを拒まず、流れに身を任せ、どんな環境になろうとも、すべてを受けいれつづけるのだから。

歩くことができない雑草たちは、子孫を残すときに移動のチャンスが訪れる。望んだところに着地できるかはさておき、種を少しでも遠くへ拡散させようと、草ごとに巧みな技をもっている。

タンポポなどのキク科の植物は、小さな種に綿毛をつけて風に乗って飛んでいく。オナモミやコセンダングサのように、カギ刺をつくり、衣服や動物の毛に引っかけて移動するものもいる。

スミレは、蟻が好む物質を種につけて蟻に運ばせると聞いて驚いた。オオバコは、粘液でひとや動物の足について移動するため、折れやすい茎は伸ばさず、やわらかい葉を広げ、わざわざ踏まれるところを選んで生きている。カラスウリのように鳥たちに食べさせ、糞に混じって着地するものや、アレチウリのように海や川といった水辺に生息して、水に浮いて漂流する〝軽い〟種もある。

ひとの生き方もいろいろだけれど、草の生き方もじつにいろいろ。自分の生きたい場所で生きるために、もっとも有効な手段をあみだしている。

そのなかで、ヤマノイモという雑草は、なんて芸がないんだろうと思った。山野の林縁や住宅地などに自生するヤマノイモは、伸びたつるに球芽であるムカゴを実らせ、熟したタイミングでポトンと落とすだけ。

ところが、観察をつづけていると、ヤマノイモなりにちゃんと戦略があることに気がついた。個人的推測ではあるけれど、彼らは1ミリでも遠くに転がるように、〝まん丸い〟ムカゴをつくることに力を注いでいるのだ。

何気なく生えているように見える草も、生きるための工夫をしている。そもそも、生きる工夫をしていない生きものなんていないのだ。

どんなことがあっても、絶滅する危機だけは避ける。それが、生きものの究極のミッションだ。そのために、できるだけいろんな場所に生きて、いろんな経験をしながら、いろんな記憶を種に残す。そうやって、生き抜く知恵を子孫に繋ぐ。

わたしたちは、もう少し背が高かったらとか、足が細かったらとか、容姿への理想を抱くことがある。人見知りやせっかちな性分、甘え下手なところなど、性格にも「もう少しなぁ……」と思うこともしばしば。

けれども、こころの内側を観察していると、わたしたちの姿や性格にも理由があって、生きていくために必要でそうなったものだとわかる。その理由に寄りそうことができたとき、嫌だなぁと思っていたことが強みになり、〝素晴らしさ〟になるのだろう。

いま目の前に咲いている草も、わたしたち人間も、命を繋ぐために進化した、最善の姿だ。気が遠くなるほど長い時間をかけて変化してきたことを想像すると、どんな形も、どんな特徴も、愛おしいなぁと思う。

16〉ツワブキ

庭は生きていくための薬箱

お庭を拝見すると、住んでいる方の人柄がだいたいわかる。草らしい草がまったく生えていない庭を見ると、几帳面なひとなのだろうと推測する。花の植え方や木の切り方から、自然のことをどんなふうに思っているかも伝わってくる。

洋風なのか、和風なのかで、好みは一目瞭然。花の色をそろえたり、オブジェを置いたりと、うちなるものを表現する場が庭のようだ。

ところが、わたしたちのおばあちゃん世代はそうではなかった。庭つきの古い物件が好きなわたしは、これまでにそのような家に何軒か住んできたが、昔の家の庭には〝暮らしに必要なもの〟が植えられていることに気づいた。

たとえば、ハラン。落ち着いた深緑色の葉で、ひっそりと日陰に植えられることが多く、庭にあっても誰も気づかないほど地味な存在。けれども、乾燥防止や防腐、消臭効果になるので、お皿に敷いたり、おむすびを包んだり、ごはんをいただくときに重宝した。

葉は細長く50センチほどと大きいので、中国では「大きな蘭」という意味で〝馬蘭(バラン)〟と呼ばれる。お弁当の間仕切りに使われる緑色をしたプラスティック製のバランは、食べものが腐らないように使われていたハランのフェイクだ。

冬でも青々と茂るナンテンは、「難を転じる」と信じられ、玄関や鬼門に植えられた。お正月やお祝いの膳に葉をそえるのは、縁起のいい植物だからだ。

トイレが家の外にあった時代は、トイレの横に植えて、この葉で手を拭いて清めていたそうだ。冬に実る赤い実は生薬となり、のど飴といった咳どめなどに使われる。

ナンテンもいまとなっては、プラスティックでできたものが、料理などにそえられているのを見かける。けれど本来は、ナンテンもハランも、素晴らしい殺菌作用があり、庭からちょんと摘んできて、家族を守るために使われてきた植物だ。


もう一つ、昔の庭に植えられていたのが、秋に黄色の花を咲かす、キク科のツワブキ。20センチほどの大きな肉厚の葉の裏側をあぶると、ペロンとやわらかくなり、火傷、肩こり、湿疹、こぶ、打ち身などに効く湿布になる。

『これでわかる薬用植物』中田福市　中田貴久子／著（新星図書出版）によると、魚や肉などの食あたりには、乾燥させた茎や葉を煎じて飲むとよいそうだ。また、茎の皮を剥いで、アク抜きをしっかりすると食べられ、甘辛く煮れば佃煮として常備食になる。

便利な交通手段もなく、病院や薬屋さんがいまほど家のまわりになかった時代は、必要なものをそろえておく薬箱のような存在が、庭だった。昔のひとは、一つひとつ意味のあるものを植えながら、健やかに生きていくための空間をつくっていたのだ。

雑草が嫌いだから？　土地の値段が高いから？　昨今、いろんな理由で、庭のない家が増えている。

庭のないひとは、部屋の窓を眺めながら、ちょっと想像してほしい。窓の外に緑色の葉が揺れ、こころがホッとするような花が咲いていたら、どんな気持ちになるだろう？　料理やお手当に、庭に生える植物たちを摘んで生かしたら、どんな気持ちになるだろう？

庭に咲く花は、庭の主に四季の便りを送ってくれる。毎年同じところに咲く花や、少しずつ成長する草木は、知らず知らずのうちにこころの深いところの癒しとなる。

17 カキドオシ

環境は人柄を育んでいる

環境は、とっても大切。わたしたちの〝人格〟は、環境に育まれるといってもいいかもしれない。いつだったか、こんな記事を読んだことがある。

「落書きのある塀にはさまれた小径は、犯罪が起きやすい。落書きを消したら、犯罪が減った。塀を壊して植物を植えたら、犯罪がなくなった」

そうだよなぁと、頷いた。葉っぱが風に吹かれて、ゆらゆらと揺れている風景は、見ているだけで心地いい。そんなこころが和むような空間で、悪いことしようなんて思えないんじゃないかしら。ひとが悲しむことをするこころの根っこには、寂しさがある。自然は寂しい気持ちを癒してくれるから、緑色の小径が増えたら、犯罪はきっと減るだろう。

前に住んでいた家は、沖縄の世界遺産、首里城にほど近い、昔ながらの石畳が残る小径にあった。家のブロック塀には蔦が絡まり、庭に植えられた木々が、塀の向こうから顔をのぞかせている。石畳の石と石のすき間に広がった、緑色の草の模様が美しかった。しゃがんでそのすき間を見ると、虫眼鏡でやっと見えるほどの小さな白い花が咲いていた。

ゆるやかにカーブする、車が1台しかとおれないような幅のこの小径が大好きだった。石畳の上では、見知らぬひととすれ違うときに足をとめて、目と目をあわせて挨拶をした。

しかし、どうしてなんだろう。アスファルトの上では、こうはいかない。「こんにちは」と声をかけると、怪訝な顔をされることもある。

山のぼりをしているときも、すれ違うひと同士、気持ちよく挨拶ができる。そのことを思うと、ひととひととの距離感は、環境の影響が大きいのだろうと思った。やっぱり、自然のなかでは、自然体になりやすいのだ。

話は少し変わるが、小学4年生の頃のわたしの夢は、〝アスファルトをはがす〟ことだった。土のある場所が増えたらいいなぁとやんわりした気持ちではなく、「地球を救う！」と肩に力をいれて意気込んでいた。

土が呼吸できなくなったら、そこで暮らすわたしたちは、大変なことになる——。

子どもながらにそう思うと、いても立ってもいられなくなり、舗装がきれいにできていないデコボコを見つけては、小さな指がジンジンするまでほじくり返していた。

アスファルトが普及した背景には、車社会の都合もあるけれど、雑草が生えたり、水たまりができたりすることが面倒なのも理由だろう。でも、これだけは気づいてほしい。わたしたちの体は、アスファルトの上に立つとかたくなり、土の上に立つと、やわらかくなる。呼吸の深さが、ぜんぜん違っているということを。

雑草は、自由奔放で、繁殖力旺盛。わたしたちの思うようにはなかなかいかない。けれども、犯罪も減り、ひととひとの間に会話が生まれ、こころも体もほぐれるのなら、土のある空間をできる範囲で増やすのは、いまの時代、得るものが大きいように思う。

〝アスファルトをはがす〟という夢は、ちょっと大袈裟だけれど、いまもまだ胸のなかにある。いまでは、「土のなかの生きものを元気にする」「水脈を増やす」という思いとも繋がっている。

垣根をとおるように伸びることより、カキドオシという名前の雑草がある。日本に古くから自生する草で、やわらかくて栄養たっぷりの黒い土を好み、森のようなところでよく見かける。アスファルトのすき間に生えている姿は見たことがない。

そんなカキドオシが、暮らしの身近なところで見られるようになるというのは、わたしたちは木々に囲まれて暮らしているということ。

そうなったら、わたしたちはいまよりもっと、深い呼吸が自然にできているだろう。カキドオシを見ながら想像すると、ニンマリ、笑みがこぼれてしまう。

18〉ハハコグサ

七草で知る、自然とともに暮らす感覚

「せり　なずな　ごぎょう　はこべら　ほとけのざ　すずな　すずしろ　これぞ七草」

1月7日は、人日（じんじつ）の節句。この日が近くなると、無病息災を祈る七草粥をつくるために、春の七草の和歌に登場する草が、パックに詰められて店先に並ぶ。

しかし、ここ最近においては、七草を食べて健康を祈るというよりも、お正月にご馳走を食べすぎた胃を休めるための意味が強くなっているようだ。改めて、7種の草の特徴と七草粥を食べる意味をおさらいしてみようと思う。

「セリ」は、競りあうように生えることが名前の由来で、繁殖力旺盛な草。野菜としてお店で販売されているが、本来は、きれいな水の小川や湿ったところに生えていて、野山で出会うと嬉しい草の一つ。独特の香りがある。

「ナズナ」は、小さな白い十字の花を咲かせ、種のはいったサヤが三味線のバチに似

ているので、ペンペングサという名前がつけられた。葉は根っこから放射状に広がる根生葉だ。花が咲くほど葉は退化するので、蕾をつける前の葉を摘むとよい。

「ゴギョウ」は、いまではハハコグサと呼ばれている。草餅といえばヨモギでつくるが、もともとはこの草をいれていたそうだ。漢字では〝母子草〟と書き、黄色の麹のような花が咲く。ハハコグサの仲間に、茶色の花の〝父子草〟という草もあり、夫婦そろって空き地などに咲く姿をたまに見かける。

「ハコベラ」は、ハコベのこと。鳥の餌になり、知るひとぞ知る、かつては歯磨き粉に使われていた草。炎症を抑える力があり、歯槽膿漏や乳腺炎などのお手当に使われる。

「ホトケノザ」は、黄色の花を咲かす、キク科のタビラコのこと。田んぼによく生息しているが、除草剤などの農薬を使うようになって、見かけることが少なくなったという。外来種で、同じくホトケノザと呼ばれる草もあるが、こちらはシソ科で紫色の花。間違って摘まれることもあるようだが、七草のタビラコとは別種だ。

「スズナ」は蕪、「スズシロ」は大根のこと。どちらも冬の野菜で、七草でいただくのは上部の葉っぱのほうである。

七草をいただくのは、北風が吹きすさむ季節、寒さに負けず芽吹いた小さな草のひたむきな生きる力をいただくためだった。暖かい服もなく、暖房もなく、食料の調達が簡単にできなかった時代、凍るような冷たい大地に緑色の葉を見つけたときは、喜びもひとしおだったろうと想像する。

実際に草を摘んでいると、「七草粥を食べると健康になる」といわれるのには、もう一つ理由があることがわかる。それは、指先が冷たくなっても、それでも草を摘み集めるひとの思いだ。〝健康であってほしい〟と願う気持ちは、草に負けないほどの生きる力になっただろう。

ナズナ、ハハコグサ、ハコベは、いまでは、どこにでも生えているので、雑草扱いされている。七草を全部見つけるのは、なかなかむずかしいので、この3種だけでも、自分の目で見つけて、お粥に加えてみてはどうだろう。

身近に生える食べられる草を摘んで、オリジナルの七草粥をつくるのもいい。

いまの時代は、食べものに困ることも、寒さに凍えることもほとんどない。けれども、保存料や農薬などを使った食べものがあふれ、食べすぎが原因で病気になるひとも増えている。ミネラル豊富で、デトックスパワー満点の草を摘みながら、体の滞りがスムーズに流れでるように願うのも、現代らしくていいではないか。

「いやぁ、そんなことといっても、安心して草を摘めるところがないよ！」

いざ探してみたものの、土や水、空気の汚れが気になって、そう嘆きそうになったら、それは素晴らしい気づきだ。安心して草を摘めないような環境で暮らしをつづけるのは、長い目で見ると、健康的とは言いにくい。そこで草を探すことを断念しないで、安心して草が摘めるような環境に変えていこう。食べられる草を探していると、そのためのよい方法が次々に思い浮かんでくるだろう。

〝雑草〟は、じゃまなものと思われることが多い。どこにでもたくさんあって、もはや興味をもたれずにいるものばかり。けれども、飢えや寒さで、生きることが困難だった時代は、雑草のように数の多いものほど、「命を繋ぐ力がある」と崇められていたこともあるという。

たくさんのものに囲まれ、暮らしが便利になるほど、数の多いものの値段は下がり、蔑ろにされる傾向がある。でも、数が多いものや値段が低いものは、本当に価値がないのだろうか？

七草粥をいただく風習は、命そのものと向きあい、自然とともに暮らす感覚を忘れないように、先人が残してくれたものかもしれない。

19 スギナ

生きものの大先輩から受けとるもの

〝雑草〟と呼ばれる草は、素晴らしい草ばかりだ。そのなかでも、群を抜いている草がある。その名が、スギナ。

縦横無尽にはびこる根は、地中深くまで張りめぐらされているため、もはや根絶不可能。引き抜くほど、残った根から枝わかれして増えていく。

畑や花壇、庭に生えると厄介で、スギナ専用の除草剤までつくられた。それなのに、わたしがこの草に特別な眼差しを向けるのは、どんな環境でも〝命を繋ぐ〟ことができる存在だからだ。

スギナからでた胞子茎というものがツクシで、スギナはツクシが光合成をするための栄養茎だ。杉の葉に似ていることより〝杉菜〟という名前で呼ばれ、ケイ酸を多く含むため、触れるとシャリシャリとした感触がある。

葉っぱらしい葉っぱを広げず、質素な姿をしているのは、3億年も前から地球にいるといわれる、トクサ科という植物だから。地球に花が誕生する前から生きていて、恐竜がいた時代も、氷河時代も乗りこえてきた。つまり、生きものの大先輩である。

わたしたち人間が誕生し、環境が近代化しても、アスファルトのすき間から繁殖している姿もよく見かける。スギナの半端ない環境適応能力には、ただただ脱帽するばかりだ。

でも、スギナの生命力にこころから尊敬の念を抱くのは、広島に原爆が投下されたときの話を聞いたからだ。あたり一面焼け野原となり、土は放射能に汚染されて何もなくなった。その大地に、最初に芽をだしたのがスギナだったそうだ。

「50年は生きものが住めない」

そういわれた地で、草たちは命を育み、枯れながら大地を浄化した。それによって、土のなかに微生物が生まれ、虫たちが動きだし、豊かな大地をとり戻せた。わたしたち人間が、もう一度その地で暮らしを再生することができたのは、草たちのおかげと言ってもいいかもしれない。

根絶不可能。抜いても、抜いても、生えてくる。厄介と思えば厄介だけど、彼らのそのしぶとい生命力が、いざというときは、わたしたちを助けてくれる。

不毛な大地から芽吹いた緑色の葉は、どれほど生きる希望を与えたか計り知れない。そのことを想像すると、言葉では伝えきれないほど、感謝の気持ちがわいてくるのだった。

地球に長く生きているスギナは、いろんな力を秘めている。

『日本のハーブ事典』村上志緒／編（東京堂出版）によると、ドイツの自然療法であるクナイプ療法を提唱したクナイプ神父は、スギナは膀胱や腎臓などの不調、結石、カリエス、リウマチに素晴らしい効力を発揮すると発表した、とある。また、スギナには鉛の蓄積を除去する効力もあり、ガンの成長を阻止する報告もあるという。

医療が発達しても、体の不調を訴えるひとは増えつづける21世紀。摘んで乾かしたお茶を飲むだけで、わたしたちの体を整えてくれるスギナは、救世主かもしれない。

スギナは、北は北海道から南は九州にかけて自生。春といえば、色とりどりの花が咲くなか、彼らの緑一色の群落を見つけると、目が離せない。これだけの力があるのだから、入浴剤にしたり、化粧水にしたり、活用方法は無限にありそうだ。

いろんな時代、いろんな環境を生きてきたスギナに触れ、その力をいただいていると、ちょっとやそっとではくじけない、生きる知恵や力がわたしのなかにも芽吹いてくる。

20 スミレ

いれるより先に、まずは〝だす〟こと

どんなにたのしい遊び道具があっても、冬はストーブから離れない子どもだった。お風呂にはいっても、たくさん走っても、体はなかなか温まらない。大人になるとますます寒さに敏感になり、夏でも裸足でいられなくなった。

血のめぐりが悪い状態がつづく〝冷え〟は、万病のもとといわれている。ただの寒がりと思っていたけれど、冷えをいよいよ自覚したのは、いまから15年ほど前、『ずぼらな青木さんの冷えとり毎日』の著者、青木美詠子さんにお会いしたときだった。「だるさがなくなってねぇ」と呟かれた一言にドキンとして、体と向きあう決心をした。

体が冷えると血管が縮んで、血流が滞る。血液のめぐりが悪くなると、代謝が下がり、老廃物が体内にたまりやすくなる。そうすると、免疫力は低下して疲れやすさを感じたり、風邪を引きやすくなったりする。

水や酸素と同じく、生きるためになくてはならないのが〝温度〟だ。その温度が低い状態になると、体は生命の危機を察知して、命を守るために内臓を温める。そうすると、血液は体の中心に集まるため、手足は冷え、肩こりや頭痛といった不調が起こりやすくなる。女性は、自分が生きるだけで精一杯となるため、妊娠しにくい体になるそうだ。

アレルギーや生活習慣病、ガンとの絡みも研究されていて、こころにも影響することがわかっている。確かに、悩みがちなひとほど体は冷えやすく、あっけらかんと笑っているひとほど、暑がりの傾向があるように感じる。

体を温かい状態にすることは、健康でたのしく生きるために不可欠なことは間違いない。不安や心配ごとを抱えがちで、前向きにものごとを捉えるのが苦手というひとは、まずは、とことん体を温めてみよう。

子ども時代からのわたしの冷えは、相当根深いようだった。冷えとり作戦は、青木さんおすすめの天然素材の五本指ソックスの重ね履きにはじまり、足つぼマッサージや体の歪みをとる整体に通うなど、できることは何でもトライした。

食事のとり方は最重要項目だ。体を冷やす夏野菜や生野菜は、夏でも食べることを控える。食べものの性質を知り、食べあわせを考え、発酵食品を積極的にとりながらよく噛むことを心がけた。

いろいろやったなかで、冷えにもっとも効果を感じたのが、二つあった。

一つは、セルライトマッサージだ。セルライトとは、皮下脂肪が塊になったもので、コラーゲン繊維によってコーティングされているため、ちょっと運動するくらいではなくならないものという。キュッとつまんで浮きでる塊を、指で潰すようにマッサージするのがセルライトマッサージ。伝統療法を学びにタイに行ったとき、学び仲間に、冗談半分で足首についた塊をぐりぐりされた。これが痛いのなんの。ギャーギャー叫びながら、あまりの痛みにもう二度とごめんだと思ったそのとき、ジワーッと足の先に血がめぐったのがわかった。もう片方の足ものたうちまわりながらやってもらうと、両足ホッカホカになって驚いた。

もう一つは、デトックスだった。ブラジルで、シャーマンのおばあちゃんが煎じてくれたお茶を飲んだり、特殊なオイルを塗ったりしながら、吐いたり、くだしたりをくり返し、体にたまった毒をだしたことがあった。こちらも、あとにも先にもこれ以上ないほど悶絶。けれど、息も絶え絶えやりきってみると、冷たくて膝までしかはいれなかったアマゾン川に、全身ドボンとはいれるようになった。それ以来、寝こむほどの生理痛もなくなった。なかなかの荒療治のため、気軽におすすめはできないが、この二つが冷えに効果てきめんだったことは間違いない。

冷えとり作戦をひととおり経験したものとして、声を大にして伝えたいことがある。それは、栄養をとったり、保護したりすることは体にとって大切なことだが、まずは、

「不要なものをだすこと」が先にあるということ。余計なものがなくなれば、本来の体に戻る。要らないものをだしたあと、よいものをとりいれるのだ。

こころも同じように、ためこんだものをだすだけで、本来の自分になるものだ。本来の自分が、冷たくて意地の悪いひとなんていない。芯からあったかい感情が蘇るだろう。


そこかしこに咲く草にも、じつは、体内の毒をだす働きのあるものがたくさんある。春になると一斉に花を咲かすスミレは、古代ローマや古代ギリシャの時代から薬草として扱われ、素晴らしい解毒作用があるといわれる。

草花には独特の苦味があり、この苦味に毒だしの力がある。春に芽吹いた草花は、冬にためこんだものをだしてくれるというが、地球とわたしたちの関係はなんてうまくできているのだろう。

わたしたちは、あるものよりも、ないものに意識を向け、ほしいものばかりを考えてしまいがちだ。けれども、何かを得るよりも、不要なものを手放すほうが、断然大切。そんなあたり前のことを、春の草花たちは思いださせてくれる。

21 ヤエムグラ

自立してもいい、支えあってもいい

雑草たちを眺めていると、「なるほど、こんなふうに生きたらいいんだなぁ」と思うことがある。公園や空き地、田畑や線路脇など、よく見るとそこらじゅうに生える、ヤエムグラもそう。

この草は、秋頃から大地に芽生え、春になると30〜60センチほどの背丈に成長する。茎はとても繊細で、いともあっさり折れてしまう。

それで、彼らはどんなふうに生きているかというと、茎や葉に下向きの小さなトゲをつけて群生。お互いのトゲを絡めて、支えあうように立ちあがっている。これなら、ビューッと吹いてくる風もなんのその。

ヤエムグラは教えてくれた。「みんなで支えあって生きたらいいんだよ」と。

一人でがんばらなくても、大丈夫！

根っこをしっかりと大地におろし、茎が丈夫な草は、1本で生きられる。ノゲシ、アザミ、ハルジオンはそんな草だ。

堂々たる立ち姿を見ながら、彼らのように〝自立〟した大人を目指していたわたしは、群生するヤエムグラに出会ったとき、胸を打たれた。誰に頼ることなく一人で生きることは、社会人としての常識と思っていた。でも、そこだけを目指さなくてもいいのかもしれない。

支えてもらうひとがいて、支えるひとの力が生かされる。一人で生きることは立派だけれど、お互いに生かしあうことは、みんなで生きることの喜びに繋がる。

わたしたちは、過去の経験や誰かが呟いた言葉を聞いて、〝思いこみ〟をつくることがある。「2番より1番がすごい」「遅いより早いほうがいい」「たくさんもらうとお得」「つづけなくちゃダメだ」といったふうに。

〝よい〟と思うものを自分なりにカテゴライズしているところがあって、それらと比べて、喜んだり、落ちこんだり、自分を責めてしまったりすることもある。

でも実際は、1番より2番のほうが得るものが大きいこともあるし、時間がかかっても、丁寧にやることに意味があることもある。量より質がよいほうが充実することもあるし、長い目で見れば、一見何でもないように見えるほうに、価値があることもある。つづけることもすごいが、好奇心をもち、いろんなことにチャレンジすることも素晴らしい！
どの方向からどんなふうにものごとを見るかで、よいかどうかの基準は変わる。世界をどんなふうに感じるかは、見方次第でいかようにもなるのだ。

植物がトゲをつけている理由は、彼らから直接聞いたわけではないから本当のところはわからない。一般的には、外敵から身を守るためや、水分の蒸発を防ぐ目的があるといわれている。

そのトゲを絡めあう理由も、もしかすると、日あたりを求めて競いあっている可能性もなくはない。けれど、支えあっているように見えたことで、わたしが得た気づきは大きい。結局は、一人で生きてもいいし、支えあって生きてもいい。競争しながら成長してもいい。どんな生き方も美しいと思った。

小さな葉を広げて、自由に風に揺れているヤエムグラを見ると、嬉しい気持ちになってくる。２ミリにも満たない小さな花を咲かせ、誰にも気づかれなさそうなくらい地味な草だけど、そんなヤエムグラから学べることは、まだまだいろいろありそうだ。

22

スズメノエンドウ

思いを伝えあう方法はいろいろある

思いを言葉にすることは難しい。

〝好き〟という思いでも、ひとへ向けた思いと、モノへ向けた思いでは、感情の質がぜんぜん違う。ひとへ向けたものでも、友人に対する思いと、恋人に対する思いは、別ものと言ってもいいだろう。

感情ははっきりと線引きできるものではないので、友人70％、恋人30％なんて、ミックスされた思いもあるだろう。命をかけるほどなのか、ほんのちょっとたのしむ程度なのか。思いの深さや質まで観察すると、こころとぴったり重なる言葉を探すのは、そう簡単にできることじゃない。

だから、わたしたちは言葉だけに頼らず、他の手段とあわせながら表現する。声のスピードやトーンを使いわけながら話したり、表情でニュアンスをだしたり。ときには、ジェスチャーを使うこともある。目に見えない気持ちを伝えるために、あの手この手を使って、わかりあうための努力をつづけている。

昨今、メールという手段でやりとりをする機会が増えているが、これがとってもむずかしい。

手書きの文字なら、字の形や筆圧などから察することもできるが、大きさも色も形も、完全に統一された文字から、情報以外のものをやりとりするのは至難の技だ。結局のところ、推測に推測を重ねながらメールを読み、やりとりするしかないだろう。

その推測はいつもあたるとは限らないので、誤解を招くこともある。「そういう意味じゃなかったのに……」と嘆いたり、「そういう意味じゃなかったのか！」と驚いたり。わたし自身、悶々とするような経験をこれまで何度もくり返してきた。

そうして気づいたのは、誤解を招く原因は、〝思いこみ〟によるものが多いということ。自分なりに解釈することはある程度必要なことだが、直に確認せずに、相手の気持ちを勝手に決めつけてはならない。まして、〝思いこみ〟であること（と案外気づかないものだが）を忘れて、腹を立てたり落ちこんだりすることは、相手に失礼だろう。

「そう思いながら読むと、そういうふうに読める」のがメールのすごいところ。受け手の受けとり方次第で、どんなニュアンスにも解釈できる。自分に自信がなければ、いくらでもネガティブに捉えることができるし、気楽に考えていたら、相手が傷ついていることに気づかず、ポジティブに受けとめることもできるものだ。

メールでのやりとりは、事務的な情報交換に留めることがベストだが、何か気にかかることがあれば、直接会って話したり、電話したり、できるだけ早く確認しあうように心がけたい。

離れている相手のことは、どうやってもわからない。相手を「理解する努力」と、相手に「伝える努力」、どちらも怠らないように。メールでのやりとりは、会っているとき以上に、お互いの〝思いやり〟で成り立っている。

言葉には言葉でしか伝えられない領域があるので、言葉にできない思いを、花に託すことがある。バラのような華美な花を贈れば、特別な感情を伝えることができるし、小さな花をそえれば、ホッとするような、何気ない気持ちを伝えることができる。

わたしはたまに、遊びごころで、自分自身や心境を花にたとえることがある。いまのわたしは、春の野に広がるスズメノエンドウといったところだろうか。

スズメノエンドウは、歩いていては目にとまらないほど、背丈が低くて目立たない草。けれども、近寄って見てみると、小さな巻きひげを精一杯伸ばして、桃色がかった5ミリほどの花を咲かせ、風が吹くとたのしそうに揺れている。

スズメノエンドウを見かけたとき、巻きひげや小さな花を参考にしながら、わたしの心境などを想像してみてほしい。そしてぜひ、自分自身に似た花を見つけてみるといい。これが思った以上におもしろくて、自分に似た花に親近感を抱く。こころから理解しあえる仲間が一人増えたような気持ちになるのだ。

思いを伝える手段として、言葉がある。けれども、思いは、目に見えるものではないし、聞こえるものでもない。本来、言葉で伝えきれるものではないのかもしれない。

言葉を発しない花たちを見つづけていると、目でも耳でも感じとれない微かなふるえに、繊細に気づけるようになる。そのふるえを感じとれるようになると、言葉の奥にある思いに気づき、寄りそうことができるようになる。

言葉を超えたやりとりが、ごく普通にできるようになると、思いと言葉の間にあるちょっとしたすき間も理解できるようになり、誤解を招くことはなくなりそうだ。

そうすると、〝好き〟という思いは、もはや、この2文字に頼らなくてもいい。向かいあって目をあわせたとき、その一瞬の微かなふるえでわかりあえる。そんな言葉のない世界が、たのしめるようになるだろう。

23〉ヨモギ

目に見えないものを感じる力

知名度の高い草といえば、ヨモギだ。日本に古くから自生しているだけあって、暮らしに生かす方法がたくさんある。

食材としてのヨモギは、団子や天ぷらなどのメニューで馴染みがある。アクをしっかり抜いたあとは、ロールキャベツや餃子など、煮たり焼いたりとあらゆる料理に応用できる。沖縄では野菜コーナーに、〝フーチバー〟という名前で並んで売られている。沖縄料理のフーチバージューシーは、ヨモギをいれて煮こんだ雑炊のこと。生の葉っぱは、沖縄そばのトッピングに欠かせない。

ヨモギは民間療法にも使われていて、その薬効はじつに素晴らしい。特筆すべきは、わたしたちの体の血液をきれいにする力だ。ヨモギの不溶性食物繊維やミネラルは、有害な物質を体の外に排出するといわれている。血液がサラサラになると血のめぐりがよくなり、

冷えの改善にも作用する。

血液の汚れは病気や不調を招くので、ヨモギが〃万能薬〃と呼ばれるのも頷ける。揚げものや肉の消費が増えて、生活習慣病になるひとも増加しているけれど、沖縄が一昔前まで長寿県だったのは、ヨモギをたくさん食べていたことが大きいと思う。

近年、美容と健康目的で、体を外側から温める〃よもぎ蒸し〃が女性に人気だが、これはヨモギの温める力を生かした素晴らしい活用法だ。乾燥させた葉は艾葉（がいよう）と呼ばれ、生薬になる。お茶にしていただくと、血圧をさげたり、冷え性や貧血の改善、食欲を増進させたりする働きがある。

ヨモギのお茶は、乾かしたものだけでなく生の葉でもつくれる。ヨモギにかぎらず、薬効が強いものは、よい影響を与える反面、とりすぎると体に負担をかけることもあるので、薄めたりブレンドしたりしながら、体が美味しいと感じる感覚を大切にして飲むとよい。

ヨモギの活用法で、簡単に生かせるのが、傷のお手当だ。葉を揉んででてきた汁を患部に塗ると、止血のビタミンと呼ばれるビタミンKが止血薬になる。傷口に集まったばい菌は、ヨモギの殺菌作用でやっつけられるので一石二鳥。揉んだ葉をあててバンソウコウを貼ると、化膿を防ぐだけでなく、傷口を守られているような安心感もある。

幼少の頃一緒に暮らしていた祖母は、乾燥させた葉を入浴剤にしていて、お風呂にはいつもヨモギのはいった袋が浮いていた。バスタブに体を沈めて嗅ぐにおいは、子どもながらにホッとしたものだが、ヨモギの香りには、気持ちをリラックスさせるシネオールという成分が含まれている。なかなか寝つけないときに、深い眠りを促してくれる。

その他、血行促進作用があり、腰痛、肩こりの改善にもよく、殺菌作用はアトピー性皮膚炎やニキビなど、湿疹やかゆみの緩和も期待できる。

入浴剤にする葉はバスタブに浮かべるだけでなく、乾燥させた葉を一掴みほど煮だした煎液をいれるとさらに効果的。その煎液で、手浴や足浴、顔を洗っても気持ちいい。


ヨモギのすごいところを、もう一つ紹介すると、アジアやヨーロッパなど、ヨモギが自生する地域に、古くから共通した使われ方がある。それは、魔除けだ。

２０１１年、ブータンへ旅をしたときのこと。わたしたち外国人を招きいれるのが2回目という、小さな集落を訪ねた。森のなかのけもの道のような道を歩きながらたどり着いた場所で、卵やバナナ、お酒などのおもてなしを受けたのだが、そのときに、集落にはいる前の道の両脇でヨモギが焚かれていて、もくもくと広がる煙のなかをとおされた。とじていたゲートをあけると、よいものだけでなく、いろいろなものがはいってくる。悪いものが村にはいらないようにするためだった。ブータンには、生まれたばかりの赤ちゃんを邪気から守るために、ヨモギを煎じた産湯にいれるという風習もある。

古代ローマ時代、ヨモギは身につけるだけで毒を消し、災難を避けられると信じられていたそうだ。

植物が秘める力はじつのところ知られていないことがたくさんあり、不思議な使い方も数多くある。目に見えないことについては、その力があるかどうかはわかりにくい。けれども、本当に存在しないものが、いまの時代まで受け継がれてきたとは思えない。

難病を治療する先生に体の治療法を教わっていたとき、「目に見えるものは、見えないものでできている」という言葉を聞いて、なるほどと思った。

目に見えないものは、確かに存在している。植物の不思議な力もちゃんとあって、その力を、わたしたちが感じとれるかどうかではないだろうか。

目に見えないものを感じとる感覚を磨き、草や自然の力をありがたく、最大限に受けとれるようになりたい。

24 ハマダイコン

大丈夫。あるがままに寄りそうだけでいい

東京では多摩川の近くに暮らしたことがあった。渋谷まで電車で15分という立地で、森のような公園に囲まれた閑静な住宅地だった。

ゆるい下り坂を歩いていくと、河原まで5分。河川敷に置かれたベンチに寝転ぶと、視界いっぱいに空が広がった。

ところが、気持ちのいい風に吹かれてご機嫌ですごしていたある日、視界の端にビルの頂上が映った。対岸にある隣駅のまわりに、高層マンションが建ちはじめたのだ。

足もとを見ると、ハマダイコンやアカツメクサ、ヘラオオバコといった草たちが咲いている。そこに、お弁当の空容器や漫画本などが、砂まみれで落ちていた。

ハマダイコンは、大根と同じアブラナ科の雑草。漢字で〝浜大根〟と書き、大根そっくりの十字の花で、花も葉っぱも大根のようなピリッとした辛みがある。春に浜辺や河川

敷などに群生して花を咲かせる風景は、まるで楽園だ。蜜蜂たちは嬉しそうに羽をふるわせ、花のまわりを飛んでいる。

視界には、近くから遠くまで、いろんなものが映っている。けれども、わたしたちはそのすべてを一度に見ることはむずかしく、焦点をあてたところだけを見ているのが現状だ。

多摩川の河原で見えるものはじつにいろいろあるが、そのなかで何を見るかは、ひとそれぞれ。だから、河原の印象は一人ひとり違うものになるだろう。

自分の意識を注意深く観察すると、見たいところを見ているなぁと思う。嫌だなぁと思うようなところも、見たいから見ている。

そして、見えるものをどんなふうに感じるかも、結局のところ、見たひとが感じたいように感じているものだなぁと思う。ハマダイコンを見て、嬉しい記憶があれば、嬉しくなり、悲しい記憶があれば、悲しくなるだろう。見たものをどう思うかは、目を向けた対象に原因はなく、見るひとのこころにある。見ている世界は、〝こころを映しだす鏡〟なのだ。

ひととひとが向きあうときも、同じようなことが起こる。傷ついたり、腹が立ったりするとき、その原因は、自分のなかにある。

たとえば、「そんなこともできないの？」と、誰かに言われたとき、どう思うだろう？

プライドが傷ついて落ちこむひともいれば、失礼な！　と思い腹を立てるひともいる。できないからやり方を教えてほしいとお願いするひともいれば、またあるひとは「できないんです～」と笑って、できるひとを探すかもしれない。

どんな感情になるか、どんな反応をするかがひとによって違うのは、反応する理由が、それぞれのこころのなかにあるからだ。言いたいことを我慢して押しこめていたり、過去に傷ついた感情が残っていたりすると、その感情がうずくように、悲しい気持ちになったり、腹を立てたりすることがある。

ちなみに、意外に思うかもしれないが、反応した相手のことを反応したぶんだけ〝好き〟な可能性は高い。こころの底からどうでもいいと思うひとのことで、悩んだり腹を立てたりはできないもの。好きだけど、好きな気持ちを認められなくて、嫌いになることもある。


わき起こる感情は、頭で考えてそうなるものではなく、ありのままのこころ、潜在意識そのものだ。しかし、頭と感情は別ものだから、どうしてそういう感情になるかという理由は、本人にもわかりきれないこともある。おもしろいことに、頭で考えていることとは真逆だった、というのもよくある話。

「あの人が傷つけた」とひとのせいにして、怒ったり悲しんだりしていると、いつまでたっても、本当のこころに寄りそえない。

怒ったり悲しんだりしたときは、「どうしたい？」「どうしてほしい？」と自分自身にまっすぐ問いかけよう。そうすると、その感情の奥に、〝がんばっていることをほめてもらいたい〟とか、〝優しく教えてほしい〟とか、素直な気持ちがあることに気づくだろう。

怒ってもいい。悲しんでもいい。どんな感情になってもいい。

そうやって自分を許してあげながら、本当の気持ちにしっかりと寄りそうことができると、怒ったり悲しんだりする感情が、スッと消える。

自分を大切にしたこころのあり方は、「何も悪くない」「誰も悪くない」ことを気づかせてくれるだろう。

25〉セイヨウカラシナ

全部がそろって動きはじめるもの

ミクロの世界へはいり、分析を専門とするのが西洋医学。それに対して全体のバランスを見ながら体を整えるのが東洋医学。小さなものが集まって全体ができるのだから、どちらの医学も大切だ。統合医療とはさまざまな医療を融合して患者さん中心の医療を行うもので、近年、漢方を処方してくれる病院も増えている。

自然療法の治療院も、整体とアロマテラピー、鍼灸とホメオパシーなど、いくつかの治療法をあわせて施術するところもある。病気はいくつかの原因が引き金となることもあるから、治療法の選択肢はたくさんあるほうがいい。

2011年より、こころと体の関係や、病気や不調の本当の原因の見つけ方など、体を本来の状態に戻す方法をいろんな方向から学んできた。といっても、勉強はもともと得意ではないので、学んだほど身になってないのだが、中医学の薬膳コースに通い、タイで伝統療法を修得し、気になる勉強会にはジャンルを問わず参加した。

なかには、音や色、文字で不調を整えたり、指をパチンとはじくだけで、病気を治したりする先生方にもお会いした。

そこでわかったことは、〝意識〟がとても大切なことと、病を治す方法は数えきれないほどあるということだ。体とこころだけでなく、脳、魂、チャクラ、オーラなど、目に見えるところからも見えないところからもアプローチができることを目のあたりにした。

体のことを学びながら、体と地球は似ているなぁと思った。地球では、生きものどうしがいろんな形で繫がり、影響を受けあいながら生きている。わたしたちの体も、臓器をはじめ、血液も骨も神経も筋肉も、すべてが繫がり、影響を受けあいながら生きている。単独で成り立つものはない。

そういう眼差しで見ると、筋肉は大地、骨は岩石、血液は川や海のように見えてくる。地球においてもどこもかしこも大切で、川や海の水は、安心して飲めるほどきれいな状態にしなければと思った。

中医学を学んでいるとき、〝一物全体（いちぶつぜんたい）〟という言葉を教えてもらった。根菜は皮をむかず葉っぱまで、魚は頭からしっぽまで、丸ごと食べるという意味だ。

植物は、根、葉、茎、蕾、花、種などのパーツがあるが、全部を丸ごと食べることで、バランスよく栄養をいただけるという。

しかし、一物全体をいまの暮らしにとりいれるのはむずかしい。店頭に並ぶ葉野菜には根っこはなく、根菜類の葉も切り落とされているのがあたり前。もはや、野菜にかぎらず、魚も肉も、本来の姿で売られているものはほとんどない。

あるとき、草を摘みながら思った。身近なところに生えている雑草なら、一物全体を叶えられる。しおれやすい花も、見栄えのしない根っこも、らくらく食べることができる。

春に黄色の花を咲かすセイヨウカラシナは、わたしの大好物の草だ。ブロッコリーや菜の花と同じアブラナ科で、種はマスタードになる。葉にはピリッとした辛みがあり、蕾や花には独特の甘味と苦味がある。蕾も花も葉も、生でも茹でても炒めても、どんなふうに料理しても美味しい。河原や原っぱで花を見かけると、その場でチョンと摘んで、つまみ食いをすることもある。

根っこだけはまだ食べたことがないので、今度一株掘って、丸ごといただいてみようと思う。根っこがかたくて食べられないときは、お茶にしてもいいだろう。


ミクロの観点では、植物にはたくさんの栄養成分があることが知られている。この栄養成分を調べるにはそれなりの費用がかかり、販売目的のある野菜などは研究されているが、売りものにならない雑草は、野菜ほど調べられていないのが現状だ。驚くような成分がないともかぎらない。

はいっていている成分がわかっていてもいなくても、体が実感しなければ意味がない。ビタミンは◯◯の30倍！　鉄分は◯◯の40倍！　なんて数値を掲げているサプリメントを飲んでも、それほど効果を感じないのは、わたしだけだろうか。

生きものは部分だけでは生きられず、すべてが繋がり一つとなって〝命〟となる。一物全体は、単体だけでは得られない力を受けとれるということだろう。

もしかすると、いまのわたしたちに足りてないのは、量や数値で補えるものではなく、全体をいただいてこそ得られる、〝命を動かす力〟かもしれない。

改めて考えてみると、一部分を食べたり、一部分の情報を受けとったり、わたしたちは部分だけをかいつまむことに慣れすぎているように思う。食べものや情報にかぎらず、あらゆるものにおいて、全体を知った上で部分と向きあう姿勢が大切だ。

全体と向きあいながら、自分なりの解釈をもつと、偏りなく、生き方の軸を見失うことなく、自然な生き方ができるのではないだろうか。

これから迎える未来は、ＡＩなどが導入され、ますます便利で細分化された時代になっていきそうだ。だからこそ〝一物全体〟をできるだけ意識しよう。根源から離れない暮らし方をしていこう。

26〉アカツメクサ

ここで、わたしらしい花を咲かせよう

沖縄本島に初めて降り立ったのは、10代のとき。当時は熊本に住んでいて、そのあと宮崎、東京と引っ越しをしても、住んでいるところから40回以上通ってきた。行きたくて飛行機に飛び乗ったこともあれば、思わぬところでご縁があり、足を運んだこともあったような。初めて降り立ってから約20年後、沖縄に住むなんて、夢にも思わなかった。

20年の間に、沖縄は変化した。待ちあわせ場所を決めなくても会えそうなくらい小さな空港が、国際線も発着するほどに発展。時間に余裕がなければ、目指すところまで猛ダッシュすることになるほど、いまでは広々とした建物になった。

新しい交通手段として、空港からモノレールが開通した。道路を広げる工事は年々進み、そのたびに沖縄らしい古い建物は壊され、高層マンションやビルが建ち並ぶようになった。

すると、地元のおじぃやおばぁが、こんな言葉を呟いているのを耳にするようになった。

「三角屋根のカッコイイ家を建てようかねぇ」

「トイレは、ウォシュレットじゃないけど、大丈夫ねぇ？」

「うちの家の瓦には、苔が生えてて恥ずかしいさぁ」

昔ながらの風景に、こころを和ませてもらっていたわたしは、沖縄らしい暮らしに引け目を感じるような言葉を聞くと寂しくなる。おじぃやおばぁは、本当にそう思っているのだろうか？　まわりのひとにあわせたり、新しくできたビルやマンションと暮らしぶりを比べたりして、そう思っていないかな？

沖縄の風景が、ガラリと変わるのは時間の問題と思った。風景が変わると、そこで暮らすひとのこころのあり方まで変わるようだ。

沖縄に来ると、血の繋がりも何もない他人に、家族のように向きあってもらうことが何度もあった。そのたびに、涙を流したり、元気をもらったり、人間らしい生き方を思いださせてもらった。

自然もひとも、おおらかで優しい。「このままでいいんだ」と思わせてくれる、懐の深さにホッとした。通えば通うほど、沖縄のことを大切に思うようになった。

あるとき、大きなクレーンが空に飛びだし、東京のど真ん中にあるような立派なマンションの建設風景を見た。そのとき、沖縄に少し、住ませてもらいたいと思った。少し住んだくらいで、どうにかできるものではないけれど、沖縄のためにできることを、暮らしながら考えたいと思ったのだ。

そうして、２００９年の春、昔ながらの町並みが残る、首里城のほど近くに引っ越した。

沖縄には、他の県にはない祈りの文化が色濃く根づいていて、連綿と受け継がれてきた伝統行事もある。実際に暮らしてみると、地元の方がこころよく受けいれてくださっても、他県で生まれたわたしには、到底はいることのできない領域があるように感じた。

足もとに咲く草のほとんどは、外来種。

ああ、わたしは、彼らと同じなんだなぁと思った。もともとの原産地は、海を越えた遠いところにあって、いろんな経路をたどって日本に着いたものばかり。外来種はどうやっても、在来種になれない。

春から夏にかけて、気持ちのいい季節になると、シロツメクサが咲く。暖かい沖縄では1年をとおして咲いていて馴染みのある草だが、シロツメクサが日本に上陸したのは、江戸時代。ヨーロッパからガラス製品を輸入したとき、クッション材として箱に詰められていて、それが白い花が咲かせたので、〝白詰草〟と呼ばれるようになった。

シロツメクサと同じマメ科で、桃色の花を咲かす、アカツメクサがある。原産地のヨーロッパではメディカルフラワーとして扱われ、花の蜜を吸うとほのかに甘い。わたしはこの草が大好きで、いつか沖縄で出会うことをたのしみにしているのだが、種がまだ上陸していないのか、一度も見かけたことがない。

1、2年ほどでもともと暮らしていた東京に戻るつもりが、戻るに戻れない事情が重なり、沖縄に住んで10年がすぎた。いまはこの島から離れる気持ちはなくなり、沖縄の草を摘みながら、たのしい日々を過ごしている。

原っぱを眺めていると、いろんな場所で生まれた草花が、それぞれに咲いて、美しい風景をつくっているなぁと思う。

アカツメクサも沖縄で花を咲かせたら、シロツメクサと同じ、外来種だ。でも、外来種も、在来種も、その場所が好きだから根っこをおろしている。

沖縄で何かできることを探したいと思ったのは、この島を大切に思う気持ちがあったからだ。この島が好きで、ここで暮らしたいと思った。

そこかしこに咲く草たちを見ていたら、それでいいんだなぁと思えた。わたしもここで自分らしい花を咲かせ、美しい風景をつくっていきたい。

撮影：北畑行博

01〉セイヨウタンポポの白和え

02〉スベリヒユの味噌炒め

04〉インドヨメナの生春巻き

03〉ハゼランのオリーブオイル和え

06〉ツボクサのお茶

05〉ユキノシタのチヂミ

08 〉オオアラセイトウのおむすび

07 〉タネツケバナのつけあわせ

10 〉ムラサキカタバミの塩麹漬け

09 〉ドクダミのスープ

11〉ツユクサのソーメンチャンプルー

12〉ナワシロイチゴの甘酒

13〉ヤブガラシの酢醤油漬け

14〉イヌタデの素揚げ

15〉ヤマノイモの蒸し煮

16〉ツワブキのきんぴら

18〉ハハコグサの団子

17〉カキドオシのかき揚げ

21〉ヤエムグラの天ぷら

19〉スギナのふりかけ

20〉スミレの寒天ゼリー

24〉ハマダイコンのオープンサンド

22〉スズメノエンドウのサラダ

23〉ヨモギのジェノベーゼ

25〉セイヨウカラシナのちらし寿司

26〉アカツメクサの甘酢漬け

摘んだ草は、味見をしながら、料理にくわえましょう。
切る形や長さ、調味料は目安なので、自由にアレンジしてください。
花は、美しさとたのしさを大切に。自然の力をいただきましょう。

つくり方

01 セイヨウタンポポの白和え

① 水を切った豆腐（木綿、絹、どちらも美味）をすり鉢ですり、塩と白ごまペースト、醤油、味噌で味を調える。
② セイヨウタンポポの葉を細かく刻んで①で和え、仕上げに花をあしらう。

02 スベリヒユの味噌炒め

① スベリヒユを5センチに切り、玉葱と人参を細切りにする。
② フライパンにごま油を熱し、①を炒め、塩と少量の水でといた味噌で味を調える。すりおろした生姜をあわせると美味しさアップ。

03 ハゼランのオリーブオイル和え

① ハゼランの茎から葉をとり、水洗いする。
② 沸騰した湯でさっと葉を茹で、水気をしぼり、塩と醤油、オリーブオイルで和える。エゴマの実があればふりかける。

04 インドヨメナの生春巻き

① 椎茸、人参、厚揚げ、こんにゃく、ひじきを炒め、塩、醤油、黒糖で味を調える。軽く塩揉みした刻み人参と、ひじき煮を和える。
② 水で戻したライスペーパーに①をおき、インドヨメナの葉と花をのせて巻く。

05 ユキノシタのチヂミ

① ユキノシタの葉を細切りにし、じゃがいもはたんざく切りにする。
② 水でといた小麦粉を塩と醤油で味を調え、①を混ぜる。フライパンにごま油を熱して焼く。

06 ツボクサのお茶

① 温めた急須に乾燥させたツボクサの葉を10枚ほどいれて、500ccの沸騰したての湯をそそぐ。
② 3〜5分蒸らす。味が薄いと感じたら、葉をくわえてさらに蒸らす。生姜とブレンドしても美味しい。

07 タネツケバナのつけあわせ

① タネツケバナを水で洗い、丁寧に水気を拭きとり、ハンバーグやコロッケなど、メインディッシュの横にさりげなくおく。
② オリーブオイルをかける。

08 オオアラセイトウのおむすび

① オオアラセイトウの花に、塩をまぶす。
② ごはんに①と細かく刻んだ葉を混ぜて、こころをこめておむすびを結ぶ。

09 ドクダミのスープ

① ドクダミを陰干しする。
② 水をいれた鍋に、カットした①を少量と適当な大きさに切った蕪としめじをいれて、やわらかくなるまで煮る。
③ 塩で味を調える。

10 ムラサキカタバミの塩麹漬け

① たんざく切りにした大根に、ほどよい塩辛さになる量の塩麹をつける。
② ムラサキカタバミの花を少量和える。一晩漬けると味が馴染む。

11 ツユクサのソーメンチャンプルー

① ソーメンを茹でる。
② ①ざるにとり、冷水で洗い、塩、醤油、ごま油、すりおろし生姜を混ぜて味を調える。
③ 刻んだツユクサの葉と花をくわえて混ぜる。

12 ナワシロイチゴの甘酒

① 甘酒にナワシロイチゴの果実をいれて、ミキサーでかき混ぜる。凍らせても美味。

13 ヤブガラシの酢醤油漬け

① 酢と醤油を同量であわせたものを瓶にいれる。
② ヤブガラシの葉を洗い、丁寧に水気を拭きとり、一晩漬ける。

14 イヌタデの素揚げ

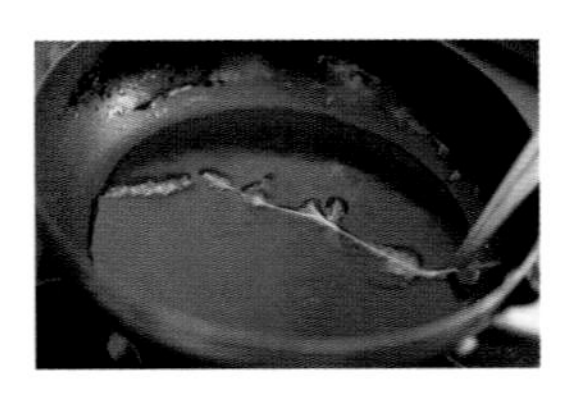

① 手で摘めるやわらかいイヌタデの茎（上から15センチほど）を摘んで、水洗いしたあと丁寧に水気をとる。
② フライパンに菜種油を熱し、茎や花がカラッとなるまで低温でゆっくり揚げて、塩をふる。

15 ヤマノイモの蒸し煮

① 鍋に少量の水をいれ沸騰させ、ムカゴをいれ、ふたをして蒸し煮にする。
② 塩やオリーブイルをつけていただく。

16 ツワブキのきんぴら

① ツワブキの茎の皮を包丁で削ぎおとし、千切りにする。鍋に水と塩をいれて沸かし、しっかり茹でてアク抜きをする。
② フライパンにごま油を熱し、①を弱火でゆっくり炒め、黒糖、塩、醤油、みりんで味を調える。

17 カキドオシのかき揚げ

① 小麦粉を水でとき、たんざく切りにしたさつま芋と2センチほどに切ったカキドオシを混ぜる。
② フライパンに菜種油を熱し、①を少量ずついれて、カラッとなるまで揚げる。
③ 塩をふる。

18 ハハコグサの団子

① 上新粉に湯を少しずつくわえながらこねて、耳たぶくらいのかたさにする。
② 茹でたハハコグサを刻み①に混ぜて、団子をつくる。
③ 鍋に水をいれ沸騰させ、②を茹で、浮かんだら、きな粉と甜菜糖で味つけ。

19 スギナのふりかけ

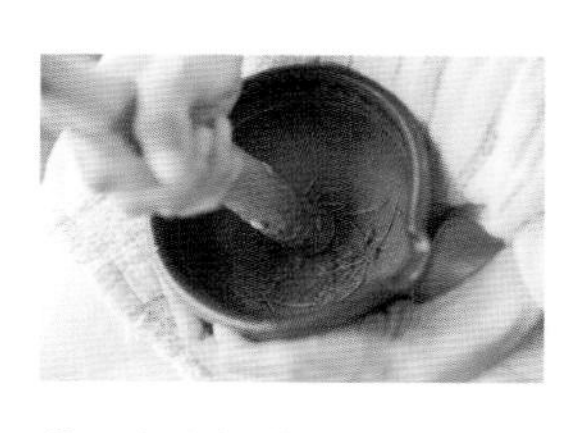

① スギナを半日陰で乾かす。
② すり鉢ですり、適量の塩とあわせる。

20 スミレの寒天ゼリー

① 鍋に水400ccをいれ、寒天2gと甜菜糖少々をくわえて煮ながらとかす。
② 容器に流し、スミレの花をのせる。
③ あら熱がとれたら冷蔵庫で冷やす。
④ 同量の水でとかした黒糖をかける。

21 ヤエムグラの天ぷら

① ヤエムグラを5センチに切る。
② 小麦粉を水でとき、①をいれる。
③ フライパンに菜種油を熱し、5、6本ずつ薄く伸ばして、両面カラッとなるまで揚げる。
④ 塩をふる。

22 スズメノエンドウのサラダ

① スズメノエンドウを水で洗い、丁寧に水気を拭きとる。
② やわらかい部分だけを手でちぎりレタスなど野菜の葉とあわせる（他の草や野菜と混ぜるほど美味）。
③ 塩とオリーブオイルをかける。

23 ヨモギのジェノベーゼ

① ヨモギの若葉を摘み、みじん切りにする。にんにくもみじん切りにする。
② 瓶に①をいれて、オリーブオイルを全体がひたる程度くわえて混ぜる。
③ 塩で味を調える。冷蔵庫で保存可能。
④ 適量をパスタにからめ、塩と胡椒をふる。

24 ハマダイコンのオープンサンド

① ハマダイコンの葉を水で洗い、丁寧に水気を拭きとり、花と葉にわける。
② パンに好みの具をおき、①を飾る。

25 セイヨウカラシナのちらし寿司

① フライパンに菜種油を熱し、細切りした油揚げを炒めて醤油をかける。
② 細切りにした人参ときゅうり、アボカドのたんざく切り、塩と生姜で炊いたアマランサスを酢飯にちらす。
③ ①とセイヨウカラシナの花をちらす。

26 アカツメクサの甘酢漬け

① 生姜を薄く切り、塩で揉んで10分ほどおき、水気をしぼる。
② 鍋に酢、甜菜糖、塩少々をいれて沸騰させ、火をとめて①を混ぜる。
③ アカツメクサの花をむしり、②に混ぜる。

食べる草の摘み方・扱い方

食べるのか、愛でるのか、体を癒すのか……草の摘み方は、目的にあわせて変わります。食べる草を摘むときに大切にしたいことをお伝えします。

(1) 食べられる草を探す

草には、食べられるものと、毒があって食べられないものがあります。花が咲いていないときは、見極めがむずかしいので、詳しいひとから聞いたり図鑑などで確認したりして、食べられるとわかった草だけを摘みましょう。

(2) 摘む場所を選ぶ

摘む場所は、除草剤がまかれていないところを選びます。除草剤をまいても、しばらくすると草は再び生えます。いつも青々と草が茂っているところや、除草剤をまいていないことがわかるところだと安全です。

(3) 摘むときに大切にすること

食べるところを必要なぶんだけいただきます。枯れた葉など、料理に使わないところは、摘んだその場で土に還しましょう。使わなかった草も、できるだけゴミ箱には捨てず、土に還して命の循環を大切にします。

(4) 摘んだあとのこと

摘んだ葉は、日や風にあたってくったりしないように、ザルや袋にいれて、保護します。洗うときは、水のはいったボウルにいれて、揺すりながら土や汚れを落とし、きれいになるまで水を2〜3回ほどかえて洗います。

(5) 美味しい食べ方

草はアクが強いものが多いので、鍋にいれた水を沸騰させて、塩大さじ1をいれて、アク抜きをしてから料理します。新芽はアクが少ないので、そのまま食べられるものもあります。アクの強さは、季節や草の種類によって変わるので、体が美味しいと感じる感覚を大切にしながら料理しましょう。

第三章

ありのままの自分で生きる
―対談―

雑草の生きる力をいただきながら
自分らしく、ラクに生きていきたい。
漢方・腎臓内科をご専門とした
医師・山﨑麻由子さんをお迎えして
「自然に生きる」をテーマにこころと体に寄りそいながら
ありのままの自分で生きていくことの大切さについて
一緒に考えていきます。

“草の案内人”

かわしまようこ

&

“医師”

山﨑麻由子

東京女子医科大学医学部卒業
埼玉県済生会栗橋病院 漢方内科・腎臓内科科長
医学博士
日本内科学会 総合内科専門医・認定医・指導医
日本透析医学会 透析専門医
日本腎臓学会 腎臓専門医
日本東洋医学会 漢方専門医・指導医

腎臓内科を中心とした西洋医学診療の他、漢方診療も行い、全人的な医療を心がけている。自然と人との繋がりを大切にし、プライベートでは農業や自然に興味をもち畑へ通ったり、ワークショップやリトリートにも参加。

取材と文・温野まき

リトリートでは役割から離れて草と向きあいながら自分と対話する

ようこ　わたしたちは、わたしが主宰した雑草リトリートで出会ったんですよね。

まゆこ　そう、２０１８年の秋ですね。たまたま母が「素敵な本があるの」と言って見せてくれたのが、ようこさんの著書『道ばたに咲く』（※１）で。ようこさんの植物への眼差しというか、道ばたの小さな植物に対する愛があふれていて、なんて素敵なひとなんだろう！って。もう一人、お会いしたいと思っていた方で、『自然欠乏症候群』（※２）という本を書かれた山本竜隆先生がいらっしゃるんですが、その山本先生が園主をしている「富士山静養園」で、ようこさんのリトリートがあることを知って、これはもう、行くしかない！と。リトリートに参加されていたみなさんが、ようこさんのことを「ハイジみたいなひとだ」って言ってて。

ようこ　そんなこと言ってたの？　南の島からきているのに（笑）。

まゆこ　子どものいい面を残して大人になったというか、きれいな魂をもった方だな、と。

ようこ　まゆやんのことも最初から、なんの抵抗もなく「まゆやん」と呼んでいて（笑）。

まゆこ　いつも「先生」って呼ばれていて、なかなか下の名前を憶えてもらえない（笑）。だから嬉しかったんですよね。

ようこ　普段はみんな、お母さんだったり、仕事の立場だったりといろんな役割があって、まゆやんも、普段は医師としての責任があるけれど、リトリートではその役割から離れてもらえたらと思っていて。自然のなかでは、それぞれの違いはあるけれど、みんな同じ生きもので〝差〟はないんですよね。

まゆこ　一番最初に「花を摘んでください」っていうところからはじまるんですよね。

ようこ　自分をちゃんと感じてほしいから「ひと

と話さないで摘んでください」とお願いするんです。「これ、かわいいよ」とか、「摘んでいいのかな」と話してしまうと、ひとを気にして影響を受けてしまうんですね。いても話さなくていい、気にしないでいいという自分を体験できて、気にしない練習にもなるんですね。

まゆこ　普段そういう機会がなかったので、〝あ、このお花と目があったから摘んでみよう〟とか。そういうことから自分との対話がはじまっていく。いろんな悩みとか、自分てどうなんだろうと考えることはあっても、お花や草と向きあいながら自分と対話することって、あまりないと思うのですよね。だから、まず、お花摘みで感動して。あれだけでも参加してよかったって思いました。

草たちをとおして、自然とわたしたちが繋がっている感覚を体感

まゆこ　私は漢方を専門としているので、生薬の知識は多少あったのですが、漢方の学会などでは、この生薬はこういう性質でこんな効能がある、という話はあっても植物そのものの話はあまりでてこないんです。病院で行われる栄養指導も栄養学がベースになっているので、タンパク質がどうとか、ミネラルがどうという話が中心で、「命をいただく」という視点からは離れるので、少し違和感を抱いていて。リトリートに参加したことで、草たちに対し、より敬意を感じることができたんです。身近な草たちが役割をもっていることに驚いたし、ようこさんのおかげで植物と仲よくなる方法を教えてもらった感じがしました。

ようこ　雑草と呼ばれている草たちをとおして、自然とわたしたちが別々に存在しているのではなくて、繋がっているという感覚を体感してもらえたらと思っているんです。いつもの暮らしのなかで、どこにでもある草をとおして自然と繋がることで、体も緩んでいくし、体感も戻ってくる、自分らしさが蘇りやすいんです。自分自身がどう生

ようこ　嬉しいっていうのは嬉しいという気持ちが
こころからわいてくるから嬉しいのであって、
頭で「喜んだほうがいい」「怒ったほうがいい」
と考えるのは本心ではないですよね。

まゆこ　科学に頼りすぎてしまうと、自分で感じる力が
退化してしまうのではないかと。
科学がすべてではないし、自分が体感したものって、
とても貴重なことだと思うんです。

きているのか、どう感じているのか、なにが嬉しいのか、そういった自分との繋がりを深めることに繋がっていくと思うんです。

体やこころの声を聞いて本来の自分をとり戻す

まゆこ　日常的に頭からの声が強くなりすぎちゃうと、たぶん健康のバランスが崩れていくんじゃないかなって。本当は胃が疲れているのに、目がほしがって食べちゃうとか。

ようこ　〝あれしなきゃ〟〝これしちゃダメ〟という頭からの指令を優先していると、自分が本当はどうしたいかという、体やこころの声が聞こえなくなっちゃうんですね。嬉しいっていうのは嬉しいという気持ちがこころからわいてくるから嬉しいのであって、頭で〝喜んだほうがいい〟〝怒ったほうがいい〟と考えるのは本心ではないですよね。雑草たちがなぜ生命力が強いのか、それは自分が生きたい場所で、生きたいように生きているから。それは草だけではなくてわたしたち人間も一緒で、自分が生きたい場所で好きなことをして生きているひとって、やっぱり元気なんです。

まゆこ　リトリートでようこさんがつくってくれた草のごはんがめちゃくちゃ美味しかったんです。体の細胞たちがみんな喜んでいるような感じで。わーっ！　みたいな。草のもつ、生きもののエネルギーをダイレクトに感じることができたんですよね。でも、こういう話は病院ではあまりしないですね。食べものは「命」そのもの、というより栄養学の考え方が基本なので。ここ最近はエビデンスがないと納得できないひとも増えているように感じます。科学が証明しないと許してくれない社会になると、どんどん自分自身で感じる力が退化してしまうのではないかと。もちろんエビデンスがすごく役に立つこともあるので、そのへんのバランス感覚が大切なんですが、患者さんがとり残されてはいけないと思うんです。科学がすべてではないし、自分が体感したものは、とても貴重なことだと思うんですよね。

ようこ　情報にばかり意識がいくと自分の感覚がわからなくなってしまうので、情報は参考にしながらも惑わされずに、最終判断は自分自身の声を聞いていけるといいですよね。

自分に必要かどうかは体がちゃんと知っている

まゆこ　人間の体ってそもそもアナログなものなので、人間の生命活動という流れを一時的に数値で切りとって決めてしまうのもおかしいなと思うんですよね。

ようこ　東洋医学のように全体を見ながら整える療法もありますが、病気や不調の原因っていろいろあると思うので、西洋医学と東洋医学、自然療法に携わる方々が繋がっていくといいなと思いますね。双方が情報交換をして考え方がミックスされていくとよりよい方向が見つかるような気がして。

まゆこ　私も、それぞれいいところどりをすればよいのではないかと思います。急性期の治療はやはり西洋医学的な治療が最優先になりますしね。人間って、自分の知らないことは敬遠してしまいがちですが、理解しあえるようになるといいなって。治療する上でも、そのひとの体が何を訴えているのかという視点をもつことが大切だと思うんです。この前おもしろいことがあって。生理前後に副鼻腔炎になる患者さんがいたので、ちょっと苦い味の薬を処方したんです。最初その患者さんは、こんな苦いのは飲めないって思ったらしいんですが、生理のタイミングでは、その薬が甘く感じるくらい美味しく飲めてしまったと。漢方薬の味が体のコンディションによって変わったんですね。自然と繋がっていれば、そういう能力は人間にも備わっているのではないかと思うんです。

ようこ　草も一緒で、みんなそれぞれ感じ方が違います。けっこうエネルギーが強いので、同じ草でも、苦いと感じる人もいれば、甘いと感じる人もいます。だから、自分の体を感じながら、美味しいと思う量を食べてくださいって言うんですね。ちゃんと自分に必要かどうかは体が知っているので。

いいも悪いもなく　すべては自然現象

まゆこ　よく日なたはよくて日陰は悪いみたいな言い方をするじゃないですか。だけど、ようこさんは、日なたが好きな植物はそこで生きているし、日陰にいる子たちはそこが好きだから生きているんですよ、って教えてくださったんです。それが印象に残っていて。本当にそのとおりだなって思ったんですよね。

ようこ　わたしたちは、これがいい、悪いとものごとを線引きしがちですが、本来は、いいも悪いもなくて、すべて自然現象なんです。

まゆこ　自然は常に変化して、流れていますよね。それを部分的に切りとって、いいとか悪いとか判断してしまうと、わかりやすくて楽なんでしょうね。

ようこ　たとえば雑草を見るときも、多くのひとは花しか見ていないんです。その花を咲かす前の努力とか、花が散って種ができたら、その種を飛ばす工夫もあります。たとえば茎が折れた草はダメかといったら、ダメじゃない。それも自然。挫折しているひとが不自然かといったらそうでもないということなんです。

草に触れながら、みんながそういう眼差しをもてたら、本当に自然は美しくなると思うんです。美しい風景のなかですごすと、気持ちは穏やかになる。さまざまな線引きや壁をとっ払って、ありのままの自分で生きやすい世界になっていくといいですね。

雑草リトリート

摘んだ草で料理やお手当をする、宿泊型雑草教室。“自分の体を整える草を自分で見つける”“不調の本当の原因に気づく”ことを大切にしながら、自然のなかでこころと体と向きあい、まわりのひととの繋がりも深めていく。潜在意識に触れ、ありのままの自分を受けいれるワークなども行う。

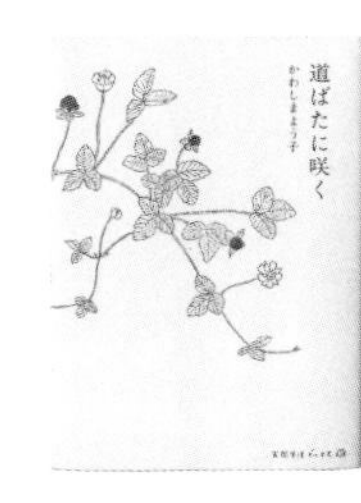

（※1）

『 道ばたに咲く 』
— かわしまよう子／著（天然生活ブックス）

（※2）

『 自然欠乏症候群
体と心のその「つらさ」、自然不足が原因です 』
— 山本竜隆／著（ワニブックス）

草をとおして、自然に生きるための本

『たいせつなこと』
―マーガレット・ワイズ・ブラウン／さく
レナード・ワイスガード／え
うちだややこ／やく（フレーベル館）

幸せに生きるコツは、自己肯定力。ありのままの自分を愛せたら、誰もが幸せを感じられるだろう。ページをめくるごとに、わたしらしく生きることの大切さを気づかせてくれる。

『100万回生きたねこ』
―佐野洋子／作・絵（講談社）

何に幸せを感じるかはひとそれぞれ。100万回転生した1匹のねこの生き方をとおして、自分らしく生きる幸せがどんなものかを考えさせられる。最後のページに描かれたタデ科の雑草が印象的。

『新版 野草の手紙
草たちと虫と、わたし 小さな命の対話から』
―ファン・デグォン／著
清水由希子／訳（自然食通信社）

韓国の生命平和活動家、ファン・デグォン氏が、無実の罪で牢獄にいれられた13年の間に妹に送った手紙を書籍化。獄中に咲く雑草にこころ救われ、体を整えてもらい、生きる希望を与えてもらった。生き方のバイブル。

『西の魔女が死んだ』
―梨木果歩／著（新潮社）

中学生のまいが、自然豊かなおばあちゃんの家ですごし、魔女の手ほどきを受ける物語。まいが水をあげるワスレナグサのような雑草は、キュウリグサだろう。おばあちゃんの教えは、まるで草花からのメッセージのように温かい。

『 月の癒し 』

― ヨハンナ・パウンガー、
トーマス・ポッペ／著
小川捷子／訳（飛鳥新社）

満月から新月にかけて、月のリズムとあわせて暮らすことの大切さを、食事や美容、身体をテーマに、著者の実体験とあわせて紹介。薬草として草と向きあうとき、摘むタイミングやこころがけたいこと必見。

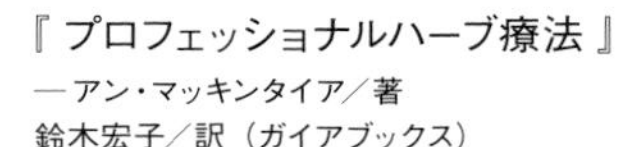

『 プロフェッショナルハーブ療法 』

― アン・マッキンタイア／著
鈴木宏子／訳（ガイアブックス）

呼吸器系、消化器系……とさまざまな不調を緩和する方法を、体の仕組みとともにわかりやすく解説。雑草と呼ばれている草が、海外では薬草扱いされていることも発見できる。栽培、収穫、処理の方法もわかりやすく紹介。

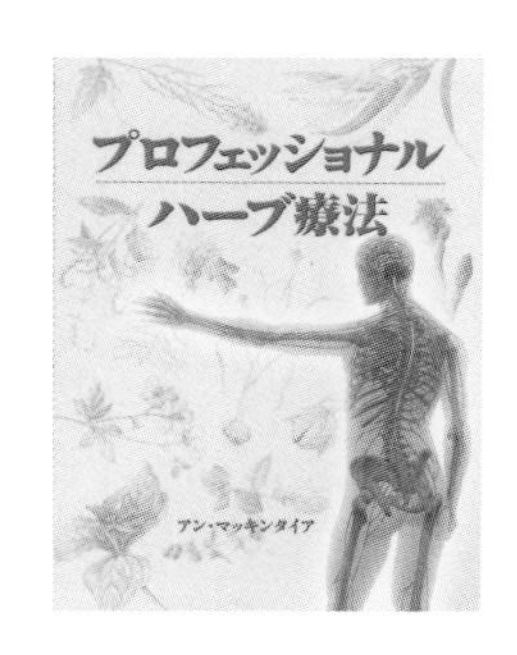

『 花と葉で見わける野草 』

― 近田文弘／監修　亀田龍吉／写真
有沢重雄／構成・文（小学館）

道ばたに咲く草を330種紹介。草の特徴がわかるような切り抜き写真と大地に咲いている写真、両方載せてあるのでわかりやすい。草の名前を覚えたいという方におすすめの一冊。

『 薬草の自然療法
難病も自然療法と食養生で治そう 』

― 東城百合子／著（池田書店）

雑草や野菜といった身近な自然を使ったお手当法を、症状別に紹介。日々の暮らしのなかで実践できるものばかりなので、一家に一冊あると安心。病気がどういうものかもお手当しながらわかる内容。

あとがき

草のよさって、見ているだけではわかりきれません。どうしても摘んでほしくて、雑誌『ダ・ヴィンチ』で「摘んで摘んで　草ごはん」という連載をさせていただきました。連載が終わったあと、本にしたいと温めていた思いに共感してくださったのが、雑誌『リンカラン』でお世話になっていた編集さん。わたしの思いと草の素晴らしさを丁寧に引きだし、こころに寄りそうような内容の本に導いてくださいました。

連載の企画を受けいれてくださった、関口靖彦編集長。草の魅力をカメラに写した、大城亘さん、萬田康文さん。対談の山﨑麻由子さん、温野まきさん。文章をサポートしてくださった、渡辺由美子さん。デザイナーのブラウンデザインさん。インドヨメナのエッセイで書いたように、それぞれの役割が力をあわせたからこそ、最高の一冊ができたと思います。

生まれてこれまで、どれだけのひとに会い、どれだけの草を見てきたでしょう。生きているといろんなことがありますが、すべての出会い、すべての体験に、「ありがとう！」と伝えたい気持ちです。もしも、辛く感じるようなことがあっても、そう感じることがあったぶん、かけがえのない気づきと、感謝したくなるような日は必ず訪れます。この本を手にとって読んでくださった方の日常が、ますます、喜びに包まれますように。

２０２１年　初春　庭のスミレを眺めながら　　かわしまようこ

撮影：砂川愛

雑草が教えてくれた、
いのちがよろこぶ生き方

ありのまま生きる

二〇二一年 四月 二三日 初版第一刷 発行

著者 かわしまようこ
発行人 上岡裕／上岡七生美
発行所 有限会社ライツフォーグリーン
Lingkaran books
〒三二七-〇八三二
栃木県佐野市植上町1331番地6
TEL 〇二八三-二三-九七五八
FAX 〇二八三-二七-七二一七
HP https://rfg.jp/
印刷・製本 株式会社文星閣

撮影 大城亘
01 セイヨウタンポポ
02 スベリヒユ
03 ハゼラン
04 インドヨメナ
06 ツボクサ
07 タネツケバナ
10 ムラサキカタバミ
12 ナワシロイチゴ
13 ヤブガラシ
16 ツワブキ
20 スミレ
21 ヤエムグラ
22 スズメノエンドウ
23 ヨモギ

萬田康文
05 ユキノシタ
08 オオアラセイトウ
09 ドクダミ
11 ツユクサ
14 イヌタデ
15 ヤマノイモ
17 カキドオシ
18 ハハコグサ
19 スギナ
24 ハマダイコン
25 セイヨウカラシナ
26 アカツメクサ

デザイン ブラウンデザイン
校正 渡辺由美子
編集 Lingkaran 編集

この本は、雑誌『ダ・ヴィンチ』2015年9月号から2017年10月号に連載された
「摘んで摘んで 草ごはん」に加筆・訂正、あらたな章をくわえて再編集したものです。

ISBN 978-4-9911966-0-7